Cultura de calidad y cumplimiento en la industria alimentaria

Cómo implementar una cultura de calidad y seguridad alimentaria basada en el comportamiento

Cultura de calidad y cumplimiento en la industria alimentaria

Cómo implementar una cultura de calidad y seguridad alimentaria basada en el comportamiento

Mª Ángeles Martín Linares, PhD & José Rodríguez Pérez, PhD

Business Excellence Consulting - BEC Press

ISBN: 978-1-7367429-1-4

Pasión por la Calidad

Business Excellence Consulting Inc.
PO Box 8326
Bayamón, PR 00960-8326 (USA)
www.bec-global.com
info@bec-global.com

Dedicado

A todos los que, en cualquier nivel de la cadena, trabajan día a día buscando la excelencia, en especial a María, Solmarie, Cristina y un largo etc.

Índice

Lista de Tablas y Figuras

Prólogo

El crecimiento de la población mundial, la intensificación e industrialización de la agricultura y la producción ganadera para satisfacer la creciente demanda de alimentos, plantean a la vez oportunidades y dificultades para la seguridad de los alimentos.

La urbanización y los cambios en los hábitos de consumo, en particular los viajes, han multiplicado el número de personas que compran y consumen alimentos preparados en lugares públicos. Esta globalización ha potenciado la demanda de una mayor variedad de alimentos y la cadena alimentaria mundial es cada vez más extensa y compleja. Se prevé que el cambio climático también incidirá en la seguridad de los alimentos, ya que los cambios de temperatura pueden modificar los riesgos que amenazan la seguridad de los alimentos relacionados con su producción, almacenamiento y distribución.

Todos estos factores suponen una mayor responsabilidad para los productores y distribuidores de alimentos en lo que atañe a la seguridad de los alimentos. Los incidentes locales pueden transformarse rápidamente en alertas internacionales debido a la rapidez y el alcance de la distribución de los productos.

En la legislación alimentaria se establecen unos requisitos mínimos de calidad y de seguridad para garantizar que los alimentos producidos no supongan un riesgo para la salud de quienes los consumen y que no estén adulterados ni sujetos a ninguna práctica fraudulenta destinada a engañar al consumidor. En Europa se siguen directrices armonizadas que son de obligado cumplimiento para todos los países. La Comisión Europea (CE) se encarga, con sus normativas, de asegurar un alto nivel de seguridad alimentaria, orientando a las empresas a llevar a cabo medidas en todas las etapas, desde la producción primaria hasta el momento de consumo del alimento, y también implementa medidas de control adecuadas a cada tipología de producto. Tanto la seguridad como la calidad alimentaria son aspectos vitales para la salud y la calidad de vida de todo el mundo, siendo necesaria una regulación a nivel mundial.

Fabricamos alimentos (incluidos los complementos alimenticios) bajo un Sistema de Gestión de Calidad (SGC)/Sistema de Gestión de Seguridad Alimentaria (SGSA)/Sistema de Autocontrol. Esto incluye en general, unas buenas prácticas de higiene (BPH, por ejemplo, limpieza y desinfección, higiene personal) y unas buenas prácticas de fabricación (BPF, por ejemplo, dosificación correcta de los ingredientes, temperatura adecuada de transformación) que en conjunto se denominan *prerrequisitos* (PPR) [aplicación del artículo 4 y de los anexos I y II del Reglamento (CE) nº 852/2004, y de los requisitos específicos por productos del anexo III del Reglamento (CE) nº 853/2004], unos procedimientos basados en el análisis de peligros y puntos críticos de control (APPCC) [aplicación del artículo 5 del Reglamento (CE) nº 852/2004] y otras políticas de gestión y comunicación interactiva, con el fin de garantizar la trazabilidad y unos sistemas eficientes de retirada, recuperación y notificación inmediata a autoridades sanitarias [aplicación de los procedimientos del Reglamento (CE) nº 178/2002].

Para que el sistema APPCC funcione de manera efectiva y obtenga el apoyo de la dirección y gerencia de la empresa, requiere que se diseñe, implemente y mantenga en el marco de un sistema de gestión estructurado y que se incorpore a las actividades de gestión general de la empresa. A este respecto la comisión del *Codex Alimentarius* en su documento CAC/GL 18-1993 de Directrices del APPCC dice: "La aplicación del APPCC es compatible con la aplicación de sistemas de calidad, como la serie 9000 de la ISO, y es el método utilizado de preferencia para controlar la inocuidad de los alimentos en el marco de tales sistemas."

Esta interrelación entre el APPCC y los sistemas de gestión de calidad también tiene su reflejo en la legislación alimentaria europea. El Reglamento (UE) nº 625/2017, relativo a los controles oficiales, incluye, dentro de los ámbitos temáticos para la formación del personal encargado de los controles oficiales: "Sistemas de gestión tales como programas de garantía de la calidad que gestionen los operadores y su evaluación en la medida en que sean pertinentes para los requisitos establecidos en las normas contempladas en el artículo 1, apartado 2, por ejemplo, a) entre otros los alimentos y la seguridad alimentaria, la integridad y la salubridad en cualquier fase de la producción, transformación y distribución de alimentos, incluidas las normas destinadas a garantizar prácticas leales en el comercio y a proteger los intereses y la información de los consumidores, y la fabricación y el uso de materiales y artículos destinados a entrar en contacto con los alimentos".

En el contexto social actual, resulta esencial disponer de organizaciones competitivas, que se sepan adaptar a los constantes cambios tecnológicos y que sean capaces de responder a la cada vez más exigente demanda de los mercados. Para conseguirlo, las organizaciones deben prestar una considerable atención a la calidad, por ser un elemento fundamental para la satisfacción de sus clientes y para lograr la continuidad y la mayor competitividad. Este concepto de calidad alimentaria hace referencia a las propiedades y características de los alimentos, incluyendo aspectos como su composición, pureza, origen, así como el proceso de producción, almacenamiento, envasado, comercialización, y la información sobre el producto destinada al consumidor final.

No los nombramos como sistemas de liderazgo de calidad y cumplimiento (englobando en este concepto, tanto la seguridad alimentaria como otras normas legales que son de obligado cumplimiento) y, muy probablemente, todos los que lean este libro apreciarán que la gestión y el liderazgo son diferentes. Los gerentes supervisan y optimizan los procesos para generar resultados. Los líderes cambian (mejoran) esos procesos para obtener mejores resultados. Y las empresas necesitan gerentes y líderes, ya que ambos son necesarios para producir y fabricar alimentos seguros y de calidad. El contenido de este libro tiene como objetivo mejorar el liderazgo de la cultura de calidad y cumplimiento dentro de la industria de fabricación de alimentos.

La mayoría de los establecimientos que fabrican alimentos tienen instalaciones y equipos adecuados y, en muchos casos, productos de calidad, pero sus sistemas de calidad y/o sus sistemas de gestión de seguridad alimentaria, están mal implementados. Las consecuencias son inspecciones de control oficial que muestran sistemas de gestión ineficientes y una falta de cultura de calidad y cumplimiento, ¿Por qué? La razón que se repite y suele aparecer siempre es una sola: las personas.

En la mayoría de los casos, si no en todos, los responsables de las empresas y los que están al mando, son los responsables de una inadecuada cultura de calidad y cumplimiento.

Necesitamos una mejor gestión del sistema de Calidad/Sistema de Autocontrol y más liderazgo en la cultura de la calidad y cumplimiento.
Como resumen, se pueden identificar los siguientes elementos de mejora:

- Las personas no siguen los procedimientos al fabricar o producir alimentos.
- Los procedimientos y la documentación carecen de detalles importantes y suficientes o, en muchos casos, incluyen mucha información, notas, etc., innecesarias.
- Los programas de formación no están bien concebidos ni son adecuadamente implementados y no cuentan con una verificación formal y adecuada del proceso de aprendizaje.
- Los controles, como las auditorías internas o los muestreos y análisis, no se implementan correctamente.
- La supervisión no es adecuada.
- La competencia de las personas y el desarrollo personal no forman parte de las prioridades de la formación/recursos humanos.
- Los errores humanos están en todas partes y la única respuesta de muchas empresas es volver a formar (una y otra vez) al personal.

Finalmente, el mayor problema existente es que los líderes/gerentes no están haciendo lo suficiente para resolver de manera efectiva todos esos problemas. Los estilos de microgestión o nanogestión no pueden resolver la cultura de mala calidad y cumplimiento.

Trabajando desde hace años, tanto en control oficial, como ayudando en consultoría a las empresas de fabricación de alimentos que tratan de cumplir con los requisitos del sistema de calidad/GMP de la Unión Europea o de la FDA, USDA, FSIS de EE.UU., con frecuencia se detectan todos los síntomas anteriores actuando juntos.

Muy a menudo, la respuesta de las empresas a la aplicación de la reglamentación es la misma: contratar consultores para solucionar específicamente los hallazgos que ponen de manifiesto las autoridades sanitarias o los auditores de certificaciones de normas de seguridad alimentaria (BRC, IFS, ISO 22000, Global Gap, etc), reemplazar a algunos miembros del personal, cambiar algunos procedimientos y dar formación. Pero, ¿dan resultado estos arreglos puntuales, o son insuficientes y costosos? La realidad es que se siguen produciendo inspecciones reiteradas con incumplimientos, sanciones, alertas de importación ("import alert"), detenciones de cargamentos en frontera, retirada de registros, etc. Después de gastar dinero y esfuerzos reiterados en consultorías, planes de acciones correctivas etc, a menudo siguen sujetos a la notificación de Actas con incumplimientos, "warning letters" y cuestiones similares.

La razón es clara: se corrigieron los síntomas, pero no la causa raíz fundamental y primaria, y en conjunto, todo ello es debido a una falta clara de una adecuada cultura de calidad y cumplimiento. En este sentido, en septiembre de 2020, la Comisión del *Codex Alimentarius* adoptó una revisión de su norma mundial sobre los principios generales de higiene de los alimentos (CXC 1-1969). La norma CXC 1-1969 revisada introduce el concepto de *cultura de seguridad alimentaria* como principio general. La cultura de seguridad alimentaria fomenta la seguridad alimentaria mediante el aumento de la sensibilización y la mejora del comportamiento de los trabajadores de los establecimientos alimentarios. Teniendo en cuenta la revisión de la norma mundial y las expectativas de los consumidores, recientemente se ha modificado el Reglamento (CE) nº 852/2004, con el objeto de incluir estos requisitos generales sobre la cultura de seguridad alimentaria (Reglamento (UE) nº 2021/382 de la Comisión de 3 de marzo de 2021).

Por lo tanto, el propósito de este libro es ofrecer desde nuestra experiencia a esos líderes y gerentes, una hoja de ruta clara para resolver los problemas regulatorios y lograr seguir la senda del cumplimiento mediante la implementación de una cultura sólida y positiva de calidad y cumplimiento. La receta es clara y simple: todo lo que necesita son buenos trabajadores, buenos procedimientos y buenos programas de formación basados en una cultura sólida de calidad y cumplimiento.

Hubo, y todavía hay, un énfasis excesivo en las actividades de formación y de control de calidad, incluidas las inspecciones internas, para modificar comportamientos y lograr así mejores resultados. Esto se basa en gran medida, en la creencia de que el deseado cambio de comportamiento se puede lograr simplemente capacitando a los empleados e inspeccionando los procesos. Y eso, dejando de lado el hecho de que, la mayoría de los programas de formación en nuestras industrias están mal diseñados y rara vez incluyen una medición adecuada de la efectividad. Se debe reconocer que ambas actividades son importantes, pero no son suficientes para cambiar los comportamientos de una manera efectiva para lograr el éxito en la calidad y el cumplimiento. Debemos comprender la complejidad del comportamiento humano y analizar las causas de los problemas en el desempeño (falta de habilidad, falta de motivación, sistema de trabajo ineficaz, etc.), antes de proponer la solución adecuada.

Cuando una empresa implementa una cultura de cumplimiento y calidad basada en el comportamiento, analiza sus problemas como un todo y comprende que hay múltiples factores que afectan al desempeño. Una consecuencia muy positiva de este pensamiento sistemático es el cambio de los programas de acciones correctivas y preventivas (CAPA), que en la mayoría son correctivos, a otros programas donde predominan sistemáticamente las acciones preventivas.

La calidad es responsabilidad de todos, pero cuando se trata de crear, fortalecer o mantener una cultura dentro de una organización, hay un grupo que realmente tiene esa responsabilidad: los líderes, los gerentes y los altos cargos directivos.

La buena noticia es que crear o fortalecer una cultura de calidad y cumplimiento positiva y sostenible, es una tarea alcanzable, aunque no es sencilla ni rápida de alcanzar.

En el primer capítulo presentamos una introducción al tema de la cultura de calidad y cumplimiento y sus implicaciones críticas en el mundo de la fabricación de alimentos, incluyendo por qué es necesario y cómo se puede mejorar el Sistema de gestión de calidad (SGC) hacia una cultura de calidad basada en el comportamiento. Un eficiente y eficaz sistema de calidad debe construirse sobre una base sólida de cultura de calidad y cumplimiento que, a su vez, también necesita de una base muy sólida. Y esta base en cualquier

Capítulo 1
Introducción a la cultura de la calidad y el cumplimiento

Cultura: del Latín «cultus», que significa cuidado.

Calidad: del *Latín «qualitas»* equivale a cuál (es) o de qué clase + *-itās* *-ity*

Cumplimiento: del Latín *«complēre»* equivale a completo, que tiene todas las partes o elementos, sin faltar nada. En un contexto legal, esto significa obedecer las órdenes legales y cumplir plenamente el estado de derecho.

Los productores y fabricantes de alimentos son fundamentales para nuestra vida, y esto se ha puesto si cabe aún más de manifiesto, en la reciente pandemia de coronavirus. El suministro de alimentos es una actividad esencial y crítica que debe garantizarse, especialmente en el estado de emergencia sanitaria, para ofrecer a la población un servicio básico y fundamental, así como, trasladar tranquilidad a la sociedad al disponer de acceso a fuentes seguras y suficientes de alimentos básicos.

Sin embargo, esta industria crítica, a menudo está sujeta a infracciones y otros problemas que están relacionados con comportamientos de mala calidad e incumplimientos por parte de su personal. Las investigaciones de muestras con análisis fuera de límites reglamentarios, las desviaciones de los procesos durante la fabricación, las toxiinfecciones alimentarias, las quejas de los clientes, las alertas etc., a menudo apuntan hacia un comportamiento inadecuado de los trabajadores como la causa principal de esas situaciones.

Gran parte de las incidencias de seguridad alimentaria se relacionan con las prácticas, actitudes o comportamientos de los empleados, y las inspecciones reglamentarias, los sistemas y procedimientos implantados o incluso la formación impartida a los trabajadores no pueden, por sí solas, cambiar este hecho.

Por lo tanto, cambiar el comportamiento de los empleados es fundamental para todos los operadores de empresas alimentarias. Es importante construir un sistema de gestión de seguridad alimentaria basado en acciones que integren la ciencia de los alimentos y los estudios de comportamiento social.

En general, hay una fuerte tendencia a considerar los errores humanos como la principal causa de incumplimientos y problemas. En las industrias alimentarias, el error humano, bajo cualquier etiqueta (procedimientos no seguidos, falta de atención o simplemente error humano), es la conclusión final de muchas de las investigaciones de problemas de calidad y cumplimiento. Y muy a menudo, se resuelven con la realización de algún tipo de actividad de formación (con mayor frecuencia, una reformación) como acción correctiva. Incluso tenemos un antiguo dicho a modo de disculpa para tratar de explicar este problema de comportamiento - Errar es humano -.

El modo en que vemos el lado humano de los problemas ha evolucionado durante las últimas décadas. Los psicólogos industriales y los profesionales de la confiabilidad humana que a menudo han liderado las investigaciones de accidentes catastróficos, como Chernobyl, Challenger y accidentes de aviación, han hecho cambiar nuestra visión sobre el error humano. Ahora vemos los errores humanos como síntomas de causas más profundas. En otras palabras, los errores humanos son consecuencias, no causas. Y necesitamos entender por qué la gente no sigue los procedimientos, si queremos solucionarlo.

Cuando un fabricante de alimentos recibe al final de una inspección de control oficial, observaciones similares a las que se muestran a continuación en la Figura 1.1, "su sistema de Autocontrol no está implantado y su cultura de calidad y seguridad alimentaria es muy deficiente", no puede solucionarlo de un modo efectivo simplemente despidiendo a algunas personas y dando empresa son sus principios y valores, y para tener éxito y construir una cultura de calidad efectiva, la empresa debe definir la cultura como un principio fundamental.

El segundo capítulo presenta los diez principios esenciales de una cultura de calidad y cumplimiento, desde el liderazgo en la cúspide, hasta la responsabilidad y el compromiso con la resiliencia y el aprendizaje de los errores.

El Capítulo 3 describe cuales son los comportamientos de calidad asociados a cada uno de los diez principios, mientras que el Capítulo 4 presenta un conjunto integral de indicadores de calidad imprescindibles para vigilar tres áreas básicas de la cultura de la calidad: a) compromiso del liderazgo, b) compromiso de las personas y c) cultura y madurez.

El Capítulo 5 se centra en las personas, elemento clave de todo, incluida la cultura de calidad y cumplimiento. Discutiremos elementos como la contratación, el compromiso, la supervisión y la motivación, los cuales son todos elementos necesarios para un programa sólido de control de los factores humanos.

Los programas de gestión de competencias y desarrollo de las personas, antes conocidos como programas de formación se analizan en el Capítulo 6. Nos centraremos en él porque es uno de los elementos clave del sistema de calidad y de la cultura de la calidad, y porque más del 90% de los CAPA generados en las industrias utilizan la formación y el reciclaje como forma de resolver todos los problemas.

El Capítulo 7 cubre los procedimientos, instrucciones, registros y el resto de la documentación asociada a un Sistema de Calidad/Sistema de Autocontrol, con un enfoque especial en cómo fomentar las buenas prácticas de documentación y minimizar la ocurrencia de errores humanos.

El Capítulo 8 analiza cómo desarrollar y mejorar el liderazgo, ya que la falta de un liderazgo adecuado, representa la causa fundamental más importante y crítica de una cultura de calidad deficiente e inadecuada.

El Capítulo 9 describe las doce áreas donde una gran mayoría de las industrias alimentarias necesitan una revisión integral para reducir su riesgo de incumplimiento.

El Apéndice A describe en forma de tabla, las características, los comportamientos deseados y los principales indicadores que están asociados a cada uno de los diez principios de una cultura sólida y positiva de calidad y cumplimiento.

Esperamos que disfruten leyendo este libro tanto como nosotros hemos disfrutado escribiéndolo, y siempre recuerden que:

"La cultura de la calidad es un camino largo, pero no una quimera"

algo de formación al resto. Si está a cargo de la situación, si es por ejemplo, responsable de calidad, deberá modificar el comportamiento de algunas personas: investigadores, supervisores, toda la gerencia media del establecimiento, incluyendo toda la unidad de calidad, y los responsables de departamentos que permitieron que se diera esta situación. Porque todos en cierta medida, son responsables, pero ¿es la solución reemplazarlos a todos? Definitivamente la respuesta es no, porque con esto solo atacaríamos el síntoma (comportamiento de mala calidad), no la causa raíz última, que es una inadecuada (o inexistente) cultura calidad y cumplimiento.

- *"Su empresa no investigó a fondo ninguna discrepancia o fallo de un lote o de cualquiera de sus ingredientes para cumplir con sus especificaciones, independientemente de que el lote ya se haya distribuido o no".*
- *"Su empresa no investigó adecuadamente los fallos en los productos finales y las quejas de defectos importantes".*
- *"Le faltaron investigaciones exhaustivas sobre las causas raíz y no implementó acciones correctivas y acciones preventivas (CAPA) rápidas y efectivas".*
- *"No realizó las investigaciones adecuadas sobre los resultados de las analíticas fuera de especificación (OOS) para la higiene de los procesos o de seguridad alimentaria del producto".*
- *"Sus investigaciones sobre los resultados de las analíticas fuera de especificación (OOS) para la higiene de los procesos o de seguridad alimentaria del producto no determinaron las causas raíz ni incluyeron acciones correctivas y preventivas (CAPA) efectivas para prevenir su recurrencia".*
- *"Su empresa no investigó adecuadamente los resultados de las analíticas fuera de límites reglamentarios de sus productos alimenticios para asegurar que no puso en el mercado un producto inseguro".*

Figura 1.1 Ejemplos de incumplimientos citados con respecto a los programas de investigación y Programas CAPA

Mejorar la calidad y el cumplimiento de nuestros productos y procesos requiere ir más allá de los enfoques tradicionales de formación, análisis e inspección para gestionar los riesgos. Requiere una mejor comprensión de la cultura de la empresa y de la dimensión humana de la calidad y el cumplimiento en nuestra industria. Si queremos mejorar la calidad y el cumplimiento de nuestros productos y de nuestros procesos, debemos cambiar la forma en que las personas hacen las cosas. Debemos cambiar el comportamiento de las personas mediante la implementación de un Sistema de gestión de Autocontrol basado en el comportamiento y, por extensión, una cultura de calidad y cumplimiento basada en el comportamiento.

Si quieres gestionar la cultura de la calidad y el nivel de cumplimiento de tu organización, primero debes entender qué es la cultura de la calidad y complimiento, qué contenido abarca y finalmente cómo evaluarlo. La cultura y el liderazgo son dos caras de la misma moneda y no se puede entender una sin la otra[1].

Por lo tanto, este libro es para usted, líder de una empresa de fabricación de alimentos que necesita mejorar la cultura de calidad y cumplimiento de su organización. Si usted es el gerente o el jefe de producción de una empresa, las siguientes páginas le brindarán una valiosa información sobre cómo convertirse en un "agente de cambio" para crear y mantener una cultura de la calidad y el cumplimiento sólida y positiva.

1.1 ¿Qué es la cultura de la calidad y cumplimiento?

En resumen, se puede definir como lo que en su organización significa calidad y cumplimiento y cuál es el propósito de su organización en términos de calidad y cumplimiento. El propósito (el por qué está en el mercado el producto alimenticio) de cualquier organización, es servir a los clientes (consumidores). La cultura de la calidad y cumplimiento determina cómo los trabajadores y los consumidores ven una organización.

La cultura organizacional se refiere a las creencias y a los comportamientos que determinan cómo los trabajadores y la gerencia interactúan y manejan las transacciones más allá de la organización. A menudo, la cultura está implícita, no se define expresamente, y se desarrolla

[1]Schein, Edgar H. 2009. *The Corporate Culture Survival Guide.* San Francisco: Jossey-Bass.

con el tiempo a partir de los rasgos acumulativos de las personas involucradas. En algunos casos, puede ser el resultado de la personalidad y la filosofía de un líder poderoso e influyente.

Sin embargo, como mencionó Schein, "*el mayor peligro de tratar de entender la cultura es simplificarla demasiado*". Schein describe tres niveles de cultura (Figura 1.2) que van desde lo muy visible hasta lo muy tácito y casi invisible.

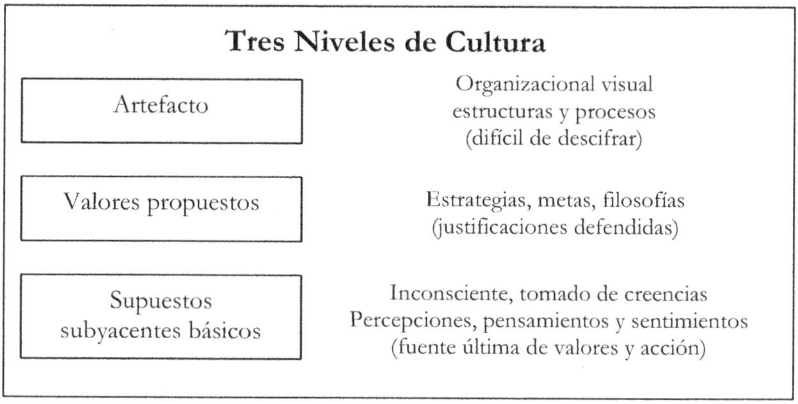

Figura 1.2 Tres niveles de cultura organizacional

El modelo de cultura organizacional de Schein se originó en la década de 1980. Schein (2010) identifica tres niveles distintos en la cultura organizacional relacionados con el grado en que los diferentes fenómenos culturales son visibles para el observador.

Los **artefactos** incluyen cualquier elemento tangible, manifiesto o identificable verbalmente en cualquier organización. La arquitectura, el mobiliario, el código de vestimenta, incluso los chistes de oficina, todos ejemplifican artefactos organizacionales. Estos artefactos son los elementos visibles en una cultura y pueden ser reconocidos por personas que no forman parte de esa cultura.

Otros artefactos típicos son:

- Nivel de formalidad en las relaciones de autoridad
- Horas laborales

- Reuniones (con qué frecuencia, cómo se ejecutan, horarios)
- ¿Cómo se toman las decisiones?
- Comunicaciones: ¿Cómo aprendes cosas?
- Eventos sociales
- Jerga, símbolos de identidad
- Rito y rituales
- Desacuerdos y conflictos: ¿cómo se manejan?
- Equilibrio entre trabajo y familia

A nivel de artefactos, la cultura es muy clara y reconocible, pero no se sabe por qué los miembros de la organización se están comportando como lo hacen y por qué la organización está construida tal y como está. Para comprender la cultura de la organización, debemos descifrar lo que está sucediendo en el siguiente nivel más profundo.

Los **valores propuestos** son los valores declarados y las reglas de comportamiento de la organización. Es la forma en que los miembros representan a la organización tanto para ellos mismos como para los demás. Esto se expresa a menudo en filosofías oficiales y declaraciones públicas de identidad. A veces, a menudo, puede ser una proyección para el futuro, de lo que los miembros esperan llegar a ser. Ejemplos de esto es la profesionalidad de los empleados, o un mantra de que por ejemplo "la familia es lo primero". Pueden surgir problemas si los valores adoptados por los líderes no están en consonancia con los supuestos tácitos más profundos de la cultura. Valores típicos propuestos son, por ejemplo:

- Integridad
- Trabajo en equipo
- Orientación al cliente
- Calidad del producto

Cuando analice una organización, detectará inconsistencias obvias entre algunos de los valores propuestos y el comportamiento visible. Lo que demuestran estas inconsistencias es que un nivel más profundo de pensamiento y percepción es impulsado por el comportamiento manifiesto. Nuevamente, para poder comprender la cultura, debe descifrar lo que está sucediendo en un nivel más profundo.

Los **supuestos subyacentes** son supuestos básicos compartidos. Son aquellos comportamientos profundamente arraigados que se dan por sentado y que suelen ser inconscientes pero que constituyen la esencia de la cultura. Estos supuestos suelen estar bien integrados en la dinámica de la empresa y son difíciles de reconocer desde dentro. La esencia de la cultura es el conjunto de lecciones aprendidas, valores y creencias que funcionan tan bien que se comparten y se dan por sentado a medida que la organización continúa creciendo.

En nuestra industria, una suposición básica subyacente es que la calidad y el cumplimiento de nuestros productos no es negociable y que no podemos recortar calidad y controles para reducir costes. Para hacer eso solo necesitamos eliminar desperdicios (reprocesos, rechazos, desviaciones, etc.) e ineficiencias de nuestros procesos.

Aunque la calidad y el cumplimiento de nuestros productos es responsabilidad de todos, es la responsabilidad principal y más crítica de los líderes y gerentes, reforzar y ser modelos a seguir para las acciones de calidad y cumplimiento.

Entonces, respondiendo a la pregunta original de qué es la cultura de la calidad, podemos decir que la cultura de la calidad y el cumplimiento es cómo piensan los empleados de una empresa u organización sobre la calidad y el cumplimiento y cómo son los comportamientos de calidad y cumplimiento que practican y muestran habitualmente.

La siguiente información era parte de un cartel en la entrada principal de una industria:

"Agradecemos su esfuerzo por seguir las buenas prácticas de documentación. y los principios ALCOA para la integridad de los datos"

La integridad de los datos en los registros no es una opción. Es un valor muy básico y fundamental de cualquier organización, y es crucial en nuestra industria, donde la salud de los consumidores puede verse comprometida debido a la falta de precisión e integridad. Además, la integridad de los datos es un requisito obligatorio global para la industria regulada de alimentos. Es más que una mera expectativa. Sin embargo, el contenido de este cartel es visto diariamente por trabajadores a quienes sus líderes "agradecen el tratar de cumplir con este requisito obligatorio". El mensaje que transmiten está muy lejos de comunicar que es un requisito legal que todos los datos deben tener, la integridad.

Además, no se puede ignorar la importancia que tiene una cultura de calidad y cumplimiento en la prevención y/o mitigación de factores humanos (errores, equivocaciones y violaciones). Una buena cultura organizacional servirá para reducir el error humano.

Los efectos de los factores culturales e incluso demográficos en las operaciones del sistema, son evidentes. La cultura organizacional puede influir en una amplia variedad de las interacciones que se producen entre el fabricante y el equipo de trabajo y puede marcar la diferencia entre un rendimiento eficaz y un rendimiento erróneo. Incluso en aquellas empresas aparentemente dedicadas a mejorar el desempeño operativo y la seguridad, la cultura organizacional puede tener un efecto potencialmente adverso en el logro de la calidad y del cumplimiento. Como ejemplo, el periódico "New York Times" informó sobre "las malas prácticas organizativas en la Administración Nacional de Aeronáutica y del Espacio (NASA)", en un artículo titulado "La mala gestión de la NASA es la culpa del fallo de la misión espacial a Marte":

> La nave espacial, Mars Polar Lander, probablemente falló el año pasado porque su motor de descenso se apagó prematuramente, pero la pérdida de la misión puede atribuirse en última instancia a una gestión, pruebas y financiación inadecuadas, dijeron hoy a la NASA expertos independientes.
>
> En los informes que evaluaron recientes problemas del programa de la Administración Nacional de Aeronáutica y del Espacio para explorar Marte, dos de ellos concluyeron que las presiones que sufrieron para ajustarse al reciente credo de la agencia "más rápido, más barato, mejor", terminaron comprometiendo estos ambiciosos proyectos. Para cumplir con las nuevas limitaciones, según el informe, los gerentes de proyecto

sacrificaron las pruebas necesarias y las evaluaciones realistas del riesgo de fallo[2]

El artículo también indica que la dirección de la NASA ya había sido puesta en cuestión por muchas de las mismas prácticas y normas de gestión demostradas después del accidente del transbordador espacial Challenger de 1986, señalando que:

> Varias estudios recientes han sugerido que el nuevo enfoque puede haber ido demasiado lejos al enfatizar la reducción de costes y los calendarios ajustados a costa de la calidad.

Si analizamos cómo las organizaciones están lidiando con la cultura de seguridad para prevenir accidentes, tendremos un gran punto de referencia para prevenir errores que también afecten la calidad. Las investigaciones sobre accidentes graves han detectado fallos en las estructuras y procedimientos organizativos. Y se concluyó que estos eran tan importantes como los fallos humanos técnicos e individuales.

Cada grupo de personas desarrolla una "cultura": actitudes, creencias y formas de comportarse compartidas. En una organización con una buena cultura de cumplimiento y calidad, todos colocan esos elementos en lo más alto de la lista. Todos comparten percepciones precisas de cuales son los riesgos para el cumplimiento y la calidad y adoptan las mismas actitudes positivas hacia el cumplimiento y la calidad. Esto influye en la forma en que los individuos del grupo manejan nuevos eventos y decisiones. La cultura de cumplimiento y calidad de una organización es un factor importante para controlar los errores humanos.

Volviendo a nuestro entorno de fabricación de alimentos, ¿por qué un trabajador experimentado no documentaría correctamente los datos de los registros que generó? ¿Qué motivaría a un empleado que lleva más de 10 años trabajando en una empresa, a entrar a un área de fabricación de alimentos claramente identificada, sin usar la vestimenta requerida?

[2]https://archive.nytimes.com/www.nytimes.com/library/national/science/032900sci-nasa-mars.html, último acceso 06/04/2021

A continuación, a modo de ejemplo, se incluye un extracto de una reciente carta de advertencia de la FDA a una empresa con una evidente falta de señales de calidad efectiva y de cultura de cumplimiento normativo:

> "La vestimenta (que consiste en mascarillas, redecillas para el cabello, guantes y bata) que se usa en sus instalaciones no es adecuada para proteger el alimento listo para el consumo de la contaminación microbiológica durante el procesamiento, en la etapa posterior a la fase de letalidad durante el envasado. Los operadores usaban ropa que permitía tener la piel expuesta de la cara, el cuello y las manos. Además, el personal reutilizó la vestimenta, durante varios días de producción, sin una limpieza entre usos. En lugar de instruir a los operadores para que desechen o cambien la vestimenta usada después de cada uso, el procedimiento que utilizó su empresa en el momento de la inspección indicaba a los trabajadores de esta sala limpia de envasado que "guarden la vestimenta en un lugar limpio hasta la próxima jornada". El hecho de no asegurarse de que el personal use ropa adecuada para proteger el alimento listo para el consumo de la contaminación aumenta el riesgo significativo de una falta de inocuidad del producto durante el envasado".

Las organizaciones de alta confiabilidad (HRO por sus siglas en inglés), son organizaciones que, aunque operan en condiciones difíciles durante largos períodos de tiempo, sin embargo, tienen pocos incidentes de importantes de seguridad. Como se define en Weick *et al.* (1999) "los procesos que se encuentran en las mejores organizaciones HRO proporcionan la infraestructura cognitiva que permite el aprendizaje adaptativo simultáneo y un desempeño confiable". Los cinco elementos clave que tienen estas organizaciones se resumen a continuación:

a) Preocupación por los fracasos más que por el éxito. Ser cauteloso con los períodos prolongados de éxito y fomentar la identificación de los primeros signos de fracaso.

b) Renuncia a simplificar las interpretaciones. Se toman medidas para fomentar una comprensión completa y detallada de lo que está sucediendo.

c) Sensibilidad a la experiencia de los trabajadores. Los gerentes son sensibles a las experiencias de sus trabajadores de primera línea y discuten con ellos sus percepciones.

d) Compromiso con la resiliencia. Se producirán errores, pero la organización debe de tener sistemas para identificar, corregir y aprender de los errores, y centrarse en desarrollar continuamente las habilidades y el conocimiento de las personas.

e) Deferencia con la experiencia. Las personas con la mayor experiencia toman las decisiones, incluso si se encuentran en un nivel bajo en la jerarquía de la organización.

1.2 Características de una cultura de la calidad. Estándares de calidad.

En la industria alimentaria se debe gestionar la calidad para producir alimentos que sean seguros para los consumidores y además que sean aceptados por ellos. Esto se logra usando herramientas del control total de la calidad y eliminando los riesgos de contaminación (biológica, química y/o física). Para ello, la implantación de sistemas de autocontrol basados en los principios del Análisis de Peligros y Puntos de Control Crítico (APPCC) es el instrumento más valioso con el que cuentan los operadores alimentarios para asegurar la inocuidad de los productos alimenticios. Estos sistemas de autocontrol deben incluir, el cumplimiento de unos prerrequisitos, que incluyen unas buenas prácticas de higiene y de fabricación, unos procedimientos basados en el APPCC y otras políticas de gestión y comunicación interactiva que garanticen la trazabilidad y unos sistemas eficientes de retirada, recuperación y notificación inmediata a autoridades sanitarias.

En los últimos años se ha producido un incremento substancial de los sistemas privados de certificación de calidad que también son utilizados para realizar la verificación del autocontrol del operador económico. Estas certificaciones están basadas en normas internacionalmente reconocidas, confiando la garantía de que los productos cumplen los requisitos establecidos a una tercera parte independiente de los intereses de los operadores del mercado y de los consumidores: las entidades de certificación o de inspección. En muchos mercados, este tipo de certificación se está convirtiendo en una condición imprescindible para el acceso a los mismos.

Así, además del sistema APPCC, obligatorio en la regulación europea, las industrias alimentarias para ofrecer los mejores niveles de seguridad y calidad aplican normas ISO 9000/9001/14000/22000, el protocolo IFS (*International Food Standard*) o el sistema BRC (*British Retail Consortium*), que, si bien no son obligatorias, son una gran ayuda para acceder a diferentes mercados internacionales y ganar la confianza del público y de los proveedores a nivel mundial. Veamos algo acerca de estas normas a continuación:

Organización Internacional de Normalización (ISO) 9000

En 1987, 91 naciones integrantes publicaron una serie de estándares con reconocimiento internacional, para asegurar la calidad, que fueron conocidos de manera colectiva como ISO 9000.

El enfoque de los estándares ISO, es establecer procedimientos de gestión de calidad mediante el liderazgo, la documentación cuidadosa y detallada, las instrucciones de trabajo y el archivo de los registros. ISO revisó posteriormente sus estándares iniciales para inclinarlos más hacia un sistema de gestión de calidad, lo cual se detalla en la ISO 9001:2008. En dicho estándar, el liderazgo de la alta dirección y los requerimientos y la satisfacción del cliente desempeñan un papel mucho más importante que, por ejemplo, la documentación de los procedimientos.

Recientemente, ha sido revisado a una nueva versión, ISO 9001:2015 *Sistemas de Gestión de Calidad-Requisitos*. Uno de los principales cambios que introduce, es el uso del análisis de riesgo como herramienta de prevención. Está orientada hacia un enfoque preventivo que se acentúa en los aspectos referidos a la Gestión del Riesgo, que consisten en reconocer los riesgos dentro de una organización y en llevar a cabo las actuaciones necesarias para evitar que se produzcan.

El espíritu de la nueva ISO 9001:2015 es también presentar dos conceptos, el análisis de riesgo y las acciones preventivas, que han de formar parte de las fases del diseño y desarrollo de los procesos. Este fuerte énfasis en la gestión del riesgo lo incorpora también la industria alimentaria regulada en estándares como la ISO 22000.

ISO 22000

A finales del año 2005 se publicó la Norma ISO 22000:2005 *Sistemas de gestión de la inocuidad de los alimentos.* Requisitos para cualquier organización de la cadena alimentaria. Surge dada la gran importancia que, desde hace varios años a raíz de las recientes crisis provocadas por alimentos potencialmente peligrosos para la salud del consumidor, tenía la seguridad alimentaria. Además, la globalización de los suministros alimentarios hace que se reciban alimentos y materias primas para alimentos de muchos países, la reglamentación higiénico-sanitaria de algunos países no alcanzan el estándar de legislaciones como la europea o la legislación de los Estados Unidos, lo cual genera desconfianza hacia los productos importados de esos lugares y ocasiona dificultades a la exportación e importación. Era pues necesario, armonizar los criterios y normas de distintos países, tanto por la aparición de numerosas normas de calidad y seguridad alimentaria como por los diferentes niveles de exigencia en este campo que se aplican a cada país.

Por otra parte, había un interés desde el punto de vista operativo por integrar los diferentes sistemas de seguridad y calidad en un mismo sistema de gestión. Y es que muchas organizaciones cuentan con sistemas de calidad, sistemas de seguridad alimentaria, gestión ambiental, etc., que ocasiona frecuentes duplicaciones de documentación, registro y archivo, además de una sobrecarga innecesaria en las obligaciones del personal, para cumplir los requisitos de cada una de ellas.

El objeto de esta Norma es establecer los requisitos que debe cumplir un sistema de gestión de inocuidad alimentaria, que permita a la organización que lo implanta, asegurarse de que los alimentos por ella elaborados son inocuos, y así poder demostrar ante terceros su capacidad para controlar los peligros relacionados con la seguridad de los alimentos producidos. Ademas de esta norma, la ISO ha elaborado una serie de normas en las que presta atención de forma más detallada a aspectos concretos de un Sistema de Gestión de Seguridad Alimentaria (SGSA) [por ejemplo los prerrequisitos para la fabricación de alimentos (ISO 22002-1) o la trazabilidad en la cadena de alimentos para alimentación humana y animal (ISO 22005)].

La norma ISO 22000 desarrolla los requisitos clave para un sistema de seguridad alimentaria, basados en principios como la comunicación interactiva, los controles del proceso, los principios del sistema APPCC y los programas o planes prerrequisitos.

Protocolo IFS (International Food Standard)

El Protocolo IFS (International Food Standard) es una norma de seguridad alimentaria desarrollada por las asociaciones de distribución alemanes y franceses para el control de los proveedores de marca blanca, a fin de asegurar que cumplían con unos requisitos que garantizasen la inocuidad de sus alimentos. La primera edición del Protocolo IFS se publicó en el año 2002 por la asociación alemana de distribuidores HDE (*Hauptverband des Deutschen Einzelhandels*), con el objetivo de contar con una norma de auditoría común para los proveedores de alimentos.

En el año 2003 se adhiere al proyecto la asociación homóloga francesa: FCD (*Federation des Enterprises du Commerce et de la Distribution*) y se redactan nuevas ediciones de la Norma. La que está en vigor actualmente es la número 7.

El Protocolo IFS está difundido fundamentalmente en Alemania, Francia, Italia, Países Bajos y Austria. IFS basa su contenido en el *Codex Alimentarius*, normas ISO y en guías de buenas prácticas de higiene y de fabricación publicadas por distintos organismos. Su estructura muestra una alineación perfecta con la Norma ISO 9001.

Protocolo BRC (Britis Retail Consorcium)

La asociación que agrupa la mayoría de las grandes cadenas británicas de distribución de alimentos (el *Britis Retail Consorcium*), publicó en el año 1998, una norma técnica con el objeto de que las compañías suministradoras de alimentos pudiesen garantizar a las compañías de distribución que sus productos cumplían con los requisitos legales y de seguridad y calidad exigidos. La que está actualmente en vigor es la número 7.

La norma BRC está ampliamente difundida internacionalmente, fundamentalmente en Inglaterra, España, Países Nórdicos y Australia. La implementación de la norma requiere por parte de las empresas:

- La implementación de un Plan APPCC.
- El establecimiento de un sistema de gestión de calidad documentado, que incluya una política de calidad y un manual de calidad.
- El cumplimiento de unos prerrequistos relativos al entorno de la fábrica, ambiente de trabajo, control de productos, procesos y personal y otros que se consideren necesarios.
- La certificación se concede para un producto y para una planta.

La Sociedad Estadounidense para la Calidad (ASQ) y Forbes publicaron en 2014 un estudio global titulado "Cultura de la calidad"[3]. Este estudio global, el primero en su tipo, ofrece información práctica sobre cómo una cultura más impulsada por la calidad puede acelerar el rendimiento empresarial y es un componente clave para el éxito de una organización.

Entre los principales componentes de una cultura de la calidad, este estudio incluye:

- Apoyo de la alta dirección para las iniciativas de la calidad, claramente visible, comprometido e inquebrantable.
- Visión y valores claramente articulados.
- Compromiso activo y continuo con los clientes para identificar y abordar continuamente las necesidades actuales y en evolución.
- Objetivos de la calidad claramente establecidos.
- Expectativas de desempeño para todas las personas de la empresa que se vinculan claramente con los objetivos de calidad.
- Incentivos apropiados, que pueden favorecer premios monetarios o basados en el reconocimiento, dependiendo de las circunstancias individuales.

3 ASQ/Forbes Insights. 2014. *Culture of Quality – Accelerating growth and performance in the enterprise.* New Work: Forbes Insights.

1.3 Atributos y modelos de madurez en la cultura de la calidad

Un SGC se define como un sistema formalizado que documenta procesos, procedimientos y responsabilidades para lograr políticas y objetivos de calidad. Ayuda a coordinar y dirigir las actividades de una organización para cumplir con los requisitos reglamentarios y del cliente y para mejorar su eficacia y eficiencia de forma continua.

Es un sistema muy centrado en procesos y aunque unos procesos y los estándares bien definidos son críticos, no son suficientes para garantizar que los alimentos sean seguros y nutritivos. Una cultura de calidad y cumplimiento basada en el comportamiento se centra en los procesos, pero también en las personas.

El SGC de los productos alimenticios se basa principalmente en cumplir con los requisitos de las buenas prácticas de higiene y de fabricación y en el control de los peligros significativos asociados a los productos y procesos. Bajo una cultura de calidad y cumplimiento basada en el comportamiento, sabemos que esto no es suficiente. Entendemos que lograr el éxito en la calidad requiere no solo una comprensión de los prerrequisitos y del análisis de peligros, sino también de las ciencias del comportamiento y de la cultura organizacional. Ésta es la principal diferencia entre tener un programa de gestión de calidad (por ejemplo, uno basado en los requisitos de los prerrequisitos y análisis de peligros) y tener una cultura de calidad y cumplimiento. Los líderes deben encontrar la manera de lograr que los trabajadores de todos los niveles de la organización hagan las cosas correctas, no porque se les haga responsables, sino porque crean y estén comprometidos con la calidad y el cumplimiento.

Hubo, y todavía hay, un énfasis excesivo en las actividades de formación y control de calidad, incluidas las inspecciones, para modificar comportamientos y lograr unos resultados mejores. Esto se basa en gran medida en la creencia de que el cambio a un comportamiento deseado se puede lograr simplemente formando a los empleados e inspeccionando los procesos. Y eso sin contar el hecho de que la mayoría de los programas de formación en nuestra industria están mal diseñados y rara vez incluyen una medición adecuada de la efectividad. Se debe reconocer que ambas actividades son importantes, pero no son suficientes para cambiar comportamientos de una manera efectiva y lograr un éxito en la calidad. Debemos comprender la complejidad del comportamiento y analizar la causa del problema de desempeño (falta de habilidad, falta de motivación, sistema de trabajo ineficaz, etc.) antes de proponer cual es la solución más adecuada.

Una gran mayoría de los fabricantes de productos alimenticios abordan problemas específicos de forma aislada o como componentes individuales, no de manera comprensiva, como un sistema completo. Esto se puede observar mirando sus programas de CAPA y viendo la falta que hay en la aplicación de verdaderas acciones preventivas. Solo aplican correcciones y acciones correctivas, y abordan los problemas de calidad y cumplimiento con una especie de pensamiento lineal de causa y efecto. Y este pensamiento lineal no es adecuado para abordar cuestiones complejas. Cuando una empresa implementa una cultura de calidad basada en el comportamiento y el cumplimiento, analiza los problemas como un todo y comprende que hay múltiples factores (incluidos los relacionados con los comportamientos personales y organizacionales) que afectan al desempeño. Una consecuencia muy positiva de este pensamiento sistemático es el cambio de los programas CAPA en su mayoría correctivos a otros donde predominan las acciones preventivas de manera sistemática.

1.4 Cultura de la calidad basada en el comportamiento

Los comportamientos de calidad y los niveles de madurez en la cultura de la calidad están muy consolidados y se correlacionan fuertemente, en la industria farmacéutica según lo determinado en el Informe de investigación de indicadores de calidad de la FDA de la Universidad de St. Gallen[4]. En este informe, los comportamientos de calidad más significativos fueron:

[4] University of St. Gallen. 2019. *FDA Quality Metrics Research 3rd Year Report December 2019*. Irlanda.

- Los empleados se esfuerzan continuamente por reducir cualquier tipo de desperdicio en cada proceso.
- La dirección del establecimiento participa personalmente en los proyectos de mejora.
- Uso de procedimientos operativos documentados para estandarizar nuestros procesos.
- El departamento de mantenimiento se centra en ayudar a los operadores de los equipos a realizar su propio mantenimiento preventivo.
- Énfasis en el buen mantenimiento como una estrategia para aumentar la calidad y la planificación para el cumplimiento.

Otros comportamientos de calidad importantes identificados en el informe fueron:

- Los gerentes de fabricación tienen un buen conocimiento de cómo se forma la estrategia corporativa/divisional.
- La visión, misión y estrategia son ampliamente comunicadas y vividas por nuestros empleados.
- Medición continua de la calidad de los procesos.
- El mando y el control se consideran el estilo de liderazgo más eficaz.

El Informe de Excelencia Cultural de ISPE publicado en 2017[5] incluye un conjunto de 21 comportamientos clave deseados que respaldan las seis dimensiones de la excelencia cultural mencionadas anteriormente. Puede considerarse un marco basado en el comportamiento para comprender, evaluar y desarrollar, la excelencia en la cultura de la calidad dentro de las empresas.

5 ISPE. 2017. *Culture Excellence Report April 2017*. Bethesda: ISPE

Liderazgo y visión

- Regularmente escuchamos de la gerencia un énfasis en temas de calidad y la importancia de la calidad.
- Cuando tenemos problemas de calidad en conflicto con problemas comerciales, la gerencia siempre considera ambos aspectos antes de tomar una decisión.
- Los líderes brindan con regularidad suficiente apoyo y formación a los trabajadores de primera línea para ayudarlos a mejorar la calidad.
- Los líderes siempre modelan el comportamiento deseado de "hacer lo correcto" en cuestiones de calidad.

Mentalidad y actitudes

- Todos los empleados ven constantemente la calidad y el cumplimiento como una responsabilidad personal.
- Los empleados tienen suficiente autoridad para tomar decisiones y se sienten con confianza para hacer bien su trabajo.
- Los empleados identifican problemas con regularidad e intervienen de manera proactiva para minimizar cualquier impacto negativo potencial en la calidad y el cumplimiento.
- Los empleados no tienen miedo de hablar, identificar problemas de calidad o desafiar el *status quo* para mejorar la calidad; creen que la gerencia actuará de acuerdo con sus sugerencias.

Caminatas Gemba

- Existen procesos formales e informales para garantizar que la gerencia visite regularmente la planta para observar, evaluar, escuchar y formar a los trabajadores, como las "Caminatas Gemba" ("caminatas en el sitio" en japonés).
- Existe evidencias que confirma que los comportamientos de calidad deseados se practican rutinariamente en el día a día, por ejemplo, a través de caminatas Gemba.
- Se identifican e implementan de forma rutinaria las oportunidades para la mejora continua, según corresponda.

Seguimiento y medición

- Los indicadores y los objetivos de calidad se diseñan y seleccionan constantemente para promover/motivar los comportamientos de calidad deseados.
- Se publican periódicamente los indicadores actualizados de calidad y son fácilmente visibles cerca de cada área de producción/trabajo.
- Todos los trabajadores pueden explicar de manera rutinaria qué información de calidad y de cumplimiento se rastrea y por qué y pueden delinear su papel en el logro de los objetivos de calidad.

Supervisión de la gestión y presentación de informes

- Las metas y los objetivos de calidad se establecen, vinculan y alinean de forma rutinaria con las metas de la organización.
- La gerencia participa regularmente en la revisión y evaluación del producto, el proceso y el desempeño del sistema de calidad.
- Las capacidades de supervisión y generación de informes de la empresa, se aplican sistemáticamente para gestionar eficazmente el rendimiento de fabricación externa dentro de la cadena de suministro.
- La gerencia involucra regularmente a los trabajadores de primera línea en la identificación, investigación y resolución de problemas.

Facilitadores culturales

- Los problemas y las oportunidades de mejora se reconocen rápidamente, los errores se revisan formalmente y la empresa busca compartirlos y aprender de ellos.
- La gerencia permite a los empleados de todos los niveles dentro de la organización, identificar y comunicar los riesgos en toda la organización.
- Reconocemos y celebramos de forma rutinaria los logros de mejora tanto individuales como grupales en la calidad del desempeño.

- Los empleados reciben con regularidad formación que les ayuda de forma eficaz a garantizar la calidad en su trabajo, fomentando una organización que aprende continuamente.

La Encuesta de Indicadores de Cultura de Calidad 2014 de la PDA[6] (*Parenteral Drug Association*) identificó los siguientes comportamientos para el personal directivo y el resto de los empleados asociados a sus siete características de cultura de la calidad:

Comunicación y transparencia

- Escuchar activamente y participar en una comunicación bidireccional.
- Fomentar el diálogo honesto.
- Compartir información sobre el desempeño de la calidad del producto con empleados y socios.
- Comportamiento proactivo y transparente con los inspectores/auditores.
- Seguir adelante.
- Comunicar según sea necesario.

Compromiso y más compromiso

- Revisar los problemas de calidad que incluyan personal de nivel ejecutivo y/o director ejecutivo.
- Poner a los consumidores por delante de todo lo demás.
- Poner en práctica "la calidad es responsabilidad de todos".

Responsabilizar a las personas

- Establecer formación sobre cuál es la conducta empresarial adecuada, con mecanismos para promover la denuncia de problemas de modo fácil y rápido.
- Elegir líderes que ejemplifiquen los comportamientos de la cultura de calidad y cumplimiento.

[6] PDA. 2015. *PDA Survey: 2014 Quality Culture Metrics.* Bethesda: PDA

Excelencia técnica

- Contratar a personas con la experiencia técnica adecuada para su función.
- Estar deseoso de compartir conocimientos y experiencia para resolver problemas.
- Promocionar a las personas en función del desempeño y la experiencia técnica.
- Facilitar la participación en conferencias y talleres técnicos externos.
- Adopción de una mentalidad y un enfoque de calidad por diseño (*Quality by Desing*, QbD).
- Promoción y aplicación de Tecnología Analítica de Procesos (*Process Analytical Technology*, PAT).

Estandarización de criterios o requisitos

- Seguir programas de conducta empresarial adecuados con mecanismos para promover la notificación de problemas.
- Implementar programas de mejora continua que miden el progreso (por ejemplo, Baldrige, Six Sigma, Kaizen, tableros de desempeño, costo de calidad, etc.).
- Sistemas de gestión que tiene claros criterios de desempeño.
- Seguir procesos de gobernanza claros y transparentes.
- Realizar encuestas internas de medición y retroalimentación sobre la cultura de calidad de la empresa.
- Los requisitos son específicos de cada sitio y no están estandarizados en toda la organización.

Visión multifuncional

- Valores de la empresa establecidos que incluyen la calidad.
- Se establecen objetivos de calidad multifuncionales.
- Se sigue programa de gestión de riesgos y calidad preventiva.
- La gerencia promueve la comprensión del personal acerca de su impacto individual en la calidad y la seguridad.

- La calidad del producto no se ve comprometida durante la implementación de los conceptos de fabricación *lean* u otros esfuerzos de mejora de procesos.
- La calidad se percibe como un factor de refuerzo para detectar y rectificar los problemas de calidad.

Premios y reconocimientos

- Alentar o recompensar "hablar" con respecto a los problemas de calidad.
- Brindar retroalimentación y formación oportunas sobre el desempeño laboral.
- Ofrecer reconocimiento no monetario a las personas que logran o apoyan objetivos de calidad.
- No tender a señalar con el dedo ni a culpar a los demás.
- Ofrecer incentivos económicos vinculados al logro de objetivos de calidad.
- El programa de incentivos apoya una cultura de calidad sólida.
- Defender la cultura de la calidad.
- Facilitar la escalada de problemas.
- Promocionar la mejora continua.
- Cuestionar o desafiar actividades sin valor añadido.
- Asumir la responsabilidad personal o individual.
- Hacer lo correcto cuando nadie está mirando.
- Decir lo que el jefe necesita saber, no solo lo que quiere escuchar.

Los cinco comportamientos principales observados en este estudio fueron:

a. Líderes que ejemplifican el comportamiento de la cultura de la calidad
b. El programa de incentivos apoya una cultura de calidad sólida
c. Retroalimentación y formación oportunas sobre el desempeño laboral
d. Seguir procesos de gobernanza claros y transparentes

e. Adopción de una mentalidad y de un enfoque de calidad por diseño (QbD)

El Capítulo 3 describe un conjunto integral de criterios de comportamiento asociados con una cultura sólida de calidad y cumplimiento. Se describen en su estado deseado y se pueden utilizar para determinar el nivel de madurez de la cultura de la calidad dentro de una organización, indicando algunos comportamientos que son indicativos específicos de una madurez rezagada.

Este enfoque integral basado en el comportamiento para mejorar la calidad y la cultura de cumplimiento brinda a los líderes y gerentes un medio práctico para moldear el desempeño cultural y brindar unos mejores resultados de calidad y cumplimiento.

1.5 ¿Por qué es importante la cultura de la calidad?

La cultura ha de ser todo y ha de impregnar todo el SGC, siendo un elemento esencial de su eficacia. La cultura de la calidad tiene un impacto directo en muchos aspectos de una organización, incluido el desempeño. Una baja calidad significa un alto coste.

Existen cuatro grandes categorías de costes que se asocian con la calidad, son los llamados costes de la calidad:

- **Costes de prevención**: Son los costes asociados con la reducción de no conformidades o productos potencialmente defectuosos. Por ejemplo, si se capacita al personal encargado del proceso, este tendrá el criterio para tomar las mejores decisiones tendentes a producir un alimento cumpliendo las especificaciones y las normas. Las buenas prácticas de fabricación ayudan a producir alimentos inocuos (seguros para el consumidor).
- **Costes de evaluación**: Son los costes relacionados con la evaluación de los productos, procesos, por ejemplo: análisis, laboratorios, inspectores.

- **Fallos internos**: Costes que resultan al producir productos defectuosos antes de la entrega a los clientes, por ejemplo: trabajo repetido, desperdicios, tiempos muertos.
- **Costes externos**: Costes que ocurren después de la entrega de productos defectuosos, por ejemplo: productos devueltos, perdida de buena imagen, costes para la sociedad.

Los costes de prevención, evaluación y fallos internos se estiman de manera razonable, sin embargo, es muy difícil cuantificar los costes externos, es por ello que el coste de una mala calidad se subestima de manera constante. (Juran, 1992).

Para el gerente de calidad en una industria alimentaria, una de las tareas primordiales es suministrar alimentos seguros y de calidad a los consumidores. La producción de alimentos con poca calidad debido al diseño inadecuado de los procesos de producción, no solo tienen costes de producción más altos, sino que también puede conllevar lesiones, demandas, retiradas del mercado y/o sanciones. Crosby afirmó que la calidad es gratis, lo que cuesta dinero son las cosas sin calidad, todas las acciones que implican no hacerlo bien desde la primera vez (Crosby, 1979).

Una cultura de calidad sólida y positiva es un componente clave de la excelencia operativa de una industria alimentaria. Y lo que es más importante, es el camino para lograr un cumplimiento sostenido en nuestra industria. Una cultura de calidad y cumplimiento corporativa fuerte y positiva, creará consistencia en la fabricación y la calidad del producto, mientras que una cultura de calidad débil, fomentará procesos poco fiables plagados de problemas de fabricación y calidad.

Por otro lado, los síntomas de una cultura de calidad débil dentro de nuestra industria tienen un impacto enorme en forma de "coste de mala calidad". Tiene un efecto enorme en el rendimiento y probablemente sea el enemigo número uno en la lista de situaciones que ponen en peligro la supervivencia de las empresas de fabricación de productos alimenticios.

Aunque la cultura en general y la cultura de la calidad en particular son únicas para cada organización, podemos identificar algunas amenazas comunes creadas por una cultura de calidad y cumplimiento inadecuada o deficiente:

Fallos internos

- Reprocesamientos
- Productos rechazados
- Reinspección y reevaluación
- Reentrenamiento
- Investigaciones y programas CAPA
- Sistemas de gestión de la calidad ineficaces
- Horas extraordinarias del personal

Fallos externos

- Reclamaciones de clientes
- Retirada de productos
- Consecuencias regulatorias
- Prohibición de vender productos en determinados mercados (alertas de importación en el caso de la FDA/USDA de EE. UU.)
- Detenciones de cargamentos
- Certificaciones de sistemas de calidad por terceros independientes
- Retiradas de Registro sanitario
- Sanciones Administrativas
- Delitos penales contra la Salud Pública

1.6 ¿Quién crea y cambia la cultura de la calidad?

La calidad es responsabilidad de todos, pero cuando se trata de crear, fortalecer o mantener una cultura dentro de una organización, hay un grupo que realmente tiene esa responsabilidad, los líderes y los altos cargos directivos.

Como apunta Schein, "la cultura organizacional la crean los líderes, y una de las funciones más decisivas de los liderazgos bien puede ser la creación, la gestión y, si es necesario, la destrucción de la cultura".

La fortaleza de la cultura de la calidad de cualquier organización es un reflejo directo de la importancia de la calidad y el cumplimiento para su liderazgo. La cultura de la calidad comienza en la parte superior y fluye hacia abajo. Es una responsabilidad compartida, pero no se crea ni se modifica de abajo hacia arriba.

Los gerentes y supervisores de nivel medio también se consideran líderes y tienen la gran responsabilidad de asesorar eficazmente a los líderes superiores e influir hacia arriba porque también son dueños de la cultura. Tener una cultura sólida de calidad y cumplimiento es una opción. Idealmente, los líderes de una empresa elegirán tener una cultura sólida de calidad y cumplimiento porque es lo correcto. Para las empresas fabricantes de productos alimenticios, la calidad no debería ser una prioridad, sino un valor fundamental para el éxito, un valor sólido de la organización.

Aunque es menos deseable, para otras empresas, el establecimiento de una cultura de calidad sólida puede estar motivado por la necesidad. Su enfoque en mejorar su cultura de calidad es reaccionario y se ve afectado por eventos importantes, como la retirada de productos o las intervenciones de las autoridades sanitarias (sanciones, retiradas de registro, alerta de importación, no recibir la aprobación del producto, etc.).

Independientemente de si se basa en una visión proactiva o de un evento reactivo, la creación de una cultura sólida y positiva de calidad y cumplimiento no es una casualidad. Dependiendo de las situaciones, cambiar los pensamientos, creencias y comportamientos que están profundamente arraigados en un grupo, puede ser difícil y conlleva mucho tiempo.

La buena noticia es que crear o fortalecer una cultura de calidad positiva y sostenible es una tarea alcanzable, aunque no sea fácil ni rápida. La cultura de la calidad es un camino largo, pero no una quimera. Requiere los siguientes cinco elementos para estar presente:

Comience con el liderazgo en la cúspide de la organización - Si los líderes superiores no participan activamente en la construcción de una cultura sólida de calidad y cumplimiento, no funcionará. El director ejecutivo, la junta directiva, el director de calidad, el director de operaciones, etc. deben liderar el esfuerzo. Apoyarlo no es suficientemente bueno, ni es ni siquiera suficiente. Debe comenzar con un compromiso intencional y con un arduo trabajo de los líderes en todos los niveles de la organización, comenzando desde arriba.

Todos los empleados deben participar - Exija que todos los empleados participen activamente. La implementación de los principios de la cultura de la calidad y de los comportamientos requeridos desde arriba hacia abajo, debe llegar a todos los trabajadores de la organización.

Construir una red interna de formadores de la calidad - Aunque este tipo de esfuerzos generalmente comienza con el apoyo de consultores externos, para ser sostenible, la empresa debe desarrollar un grupo interno de formadores de la calidad, que mantengan en alto la llama de una cultura de calidad fuerte y positiva.

Integre los indicadores de calidad y cumplimiento en la gestión del rendimiento y responsabilice a la dirección - Cada gerente y líder debe convertirse en un defensor de la calidad para el resto de la organización y más directamente para sus equipos. Deben desarrollarse e implementarse indicadores de calidad como parte de la gestión del rendimiento de cada sitio. Cada líder/gerente debe ser responsable de la implementación y sostenibilidad de la cultura de la calidad.

Transforme sus programas de aprendizaje - Sus programas y prácticas de aprendizaje existentes deben adaptarse para incorporar de manera efectiva las competencias y los comportamientos asociados a una cultura de cumplimiento y calidad eficiente.

Crear una cultura de calidad y cumplimiento requiere más que completar una encuesta anual a los empleados y luego dejar solos a los gerentes, con la esperanza de que puedan aprender algo de los resultados de la encuesta y que en base a ello, cambiarán la forma en que gestionan.

1.7 Cómo cambiar la cultura de la calidad: consejos de los expertos

Este es un punto en el que existe casi un consenso total: todos los líderes saben que mejorar la calidad y cumplimiento, tienen un impacto directo en el desempeño final de la empresa. Cambiar la cultura de la calidad de una organización también requerirá una realineación y un cambio en la cultura general de la empresa. Cambiarlos no es un trabajo fácil, pero como dijo el Dr. Deming: *No es necesario cambiar. La supervivencia no es un mandato.*

El cambio de la cultura de la calidad es posible incluso en organizaciones multiculturales si el liderazgo superior lo convierte en su máxima prioridad.

El instituto Gallup ofreció los siguientes consejos sobre lo que debe suceder para cambiar una cultura[7]:

> "Identifique su propósito y marca". Los principales líderes deben identificar claramente su propósito -por qué está en el negocio- y cómo quiere que los empleados y el cliente perciban su marca. El propósito y la marca son el escenario de todo lo demás.

> "Audite todos los programas y comunicaciones para verificar la alineación y coherencia con el propósito y la marca de su organización".

> "Cambie la función de sus gerentes como formadores. Solo sus mejores gerentes pueden implementar la cultura que desea. Una gran cultura es una de las pocas cosas que una organización no puede comprar. Los gerentes de todos los niveles hacen o deshacen el cambio cultural. Mover a sus gerentes de jefe a formador no solo aumenta el compromiso de los empleados y mejora el desempeño, sino que también es esencial para cambiar su cultura ".

[7] Clifton, Jim & Jim Harter. 2019. *It's the Manager.* New York: Gallup Press

Reconocimiento: crear una cultura de apreciación y refuerzo positivo

Cree un programa de reconocimiento que promueva los valores y comportamientos culturales positivos que desea aumentar. El reconocimiento fomenta más de los mismos comportamientos. Todos necesitamos reconocimiento y aprobación. Nos ayuda a motivarnos y a hacerlo todo nuevamente. La sección 2.9 cubre en detalle el uso de consecuencias para aumentar o disminuir comportamientos.

Las consecuencias conductuales son aquellas cosas y eventos que siguen a un comportamiento y cambian la probabilidad de que el comportamiento se repita en el futuro. Una parte importante del trabajo de cada gerente es identificar los comportamientos que son necesarios y suficientes para lograr los objetivos de la empresa, y luego organizar las consecuencias para apoyarlos.

Las consecuencias que son inmediatas y seguras son muy poderosas para gobernar los comportamientos. El factor de la inmediatez explica la diferencia entre un refuerzo y una recompensa. Un pequeño refuerzo proporcionado inmediatamente tras un comportamiento tiene mucho más efecto en ese comportamiento que una recompensa más grande pero retrasada. Como lo explica Audrey C. Daniels en su libro -*Sacar lo mejor de las personas: cómo aplicar el asombroso poder del refuerzo positivo*- "La compensación por sí sola no hará el trabajo de maximizar el rendimiento. Solo el refuerzo positivo efectivo y frecuente puede hacer eso".[8]

Aprendiendo de los expertos

Las siguientes páginas están dedicadas a tres de las personas más influyentes en el campo de la Calidad. La filosofía actual de la cultura de la calidad se basa en las ideas pioneras establecidas por W. Edwards Deming, Phil B. Crosby y Joseph M. Juran (con la colaboración de muchos otros). Sus ideas se publicaron hace unos 40 años, pero aún hoy en día están plenamente vigentes.

El mejor esfuerzo no es suficiente

[8] Daniels, Aubrey C. 2016. *Bringing Out the Best in People.* 3rd ed. New York: McGraw Hill

Necesidad de consistencia en el esfuerzo

Las medidas de productividad no conducen a una mejora de la productividad.

Baja calidad significa altos costos

La calidad se hace en la sala de juntas

La calidad no se puede delegar: la calidad es responsabilidad de todos

El apoyo de la alta dirección no es suficiente; se requiere acción

"... y si no puedes venir, no envíes a nadie"

No hay sustituto para el conocimiento

La información no es conocimiento

La responsabilidad de los supervisores debe cambiarse de simples números a la calidad

La calidad debe estar integrada en el producto, y no se puede confiar en los análisis por sí solos para garantizar la calidad del producto

Figura 1.3 Citas de Deming

Todas las frases anteriores son del Dr. W. Edwards Deming, uno de los pensadores más importantes e influyentes en el campo de la calidad y de la gestión. En el libro publicado en 1982, *Out of The Crisis*[9], incluyó una receta de 14 puntos para la gestión. Deming definió que esos 14 puntos son la base para la transformación de la industria estadounidense. Como dijo "no bastará

[9] Deming, William E.1982. Out of The Crisis. Cambridge: MIT

simplemente con resolver problemas, grandes o pequeños. La adopción y acción sobre los 14 puntos son una señal de que la dirección tiene la intención de permanecer en el negocio y su objetivo es proteger a los inversores y los puestos de trabajo". Los 14 puntos son prácticas que deben ser seguidas, y constituyen una hoja de ruta eficaz para transformar la cultura de la calidad de cualquier organización.

Nacido en 1900, Deming fue un ingeniero, profesor, estadístico, conferenciante, autor y consultor de gestión estadounidense. Deming opinó que, al adoptar ciertos principios de gestión, las organizaciones pueden mejorar la calidad del producto y al mismo tiempo reducir los costes. La reducción de costes incluiría la reducción de la producción de desperdicios, reduciendo el desgaste del personal y los litigios, al mismo tiempo que aumenta la fidelidad del cliente. La clave, en opinión de Deming, era practicar la mejora constante.

La aplicación de los 14 puntos de Deming para la gestión en los diferentes niveles organizativos da como resultado una transformación completa.

Conocimiento profundo

Deming indica que todas las empresas, grandes o pequeñas, de servicio o de producción, con o sin fines de lucro, siempre se ocupan del conocimiento universal. Deming llama a esto conocimiento profundo, que penetra en una empresa desde el exterior. Según Deming, el sistema de conocimiento profundo se compone de cuatro componentes a través de los cuales se mira el mundo simultáneamente. Estos componentes funcionan como lentes a través de los cuales vemos, y los cuatro están relacionados entre sí:

- Valorar el sistema
- El concepto de variación y el conocimiento sobre esto
- Psicología
- La teoría del conocimiento

Los 14 puntos de Deming para la gestión

Con los 14 principios importantes de gestión, ofreció una forma de mejorar drásticamente la eficacia de una organización. Muchos de estos principios de gestión son de naturaleza filosófica y algunos son más programáticos. Los 14 puntos de gestión de Deming pueden generar una transformación. A continuación, se muestra una breve descripción de los 14 puntos:

1) *Crear constancia en el propósito* hacia la mejora del producto y servicio, con el objetivo de volverse competitivo, mantenerse en el negocio y generar empleo.

2) *Adoptar la nueva filosofía.* Estamos en una nueva era económica. La administración occidental debe tomar conciencia del desafío, aprender sus responsabilidades y asumir el liderazgo para el cambio.

3) *Dejar de depender de la inspección para lograr la calidad.* Elimine la necesidad de inspecciones masivas para encontrar los problemas, incorporando calidad en el producto en primer lugar.

4) *Poner fin a la práctica de adjudicar negocios sobre la base de la etiqueta de precio.* En su lugar, minimice el coste total. Avanzar hacia un solo proveedor para cualquier artículo, en una relación a largo plazo de lealtad y confianza.

5) *Mejorar constantemente y para siempre* el sistema de producción y servicio, para mejorar la calidad y productividad, y así disminuir constantemente los costes.

6) *Instituir la formación en el trabajo.*

7) *Instituir el liderazgo.* El objetivo de la supervisión debería ser ayudar a las personas, las máquinas y los dispositivos a hacer un trabajo mejor. La supervisión de la dirección necesita una revisión, así como la supervisión de los trabajadores de producción.

8) *Eliminar el miedo*, para que todos puedan trabajar eficazmente para la empresa.

9) *Derribar barreras entre departamentos.* Las personas en investigación y desarrollo, diseño, ventas y producción deben trabajar en equipo para prever los problemas de producción y uso que puedan surgir con el producto o servicio.

10) *Dejar de reprender a los trabajadores* pidiendo cero defectos y nuevos niveles de productividad. Tales exhortaciones solo crean relaciones de confrontación, ya que la mayor parte de las causas de la baja calidad y la baja productividad pertenecen al sistema y, por lo tanto, están más allá del poder de la fuerza laboral.

11) Apoyar, ayudar y mejorar
   a. Eliminar estándares de trabajo (cuotas). Sustituir por Liderazgo
   b. Eliminar la gestión por objetivos. Eliminar la gestión por números, objetivos numéricos. Sustituir por Liderazgo.

12) *Eliminar barreras* que priven al trabajador de su derecho a enorgullecerse de su trabajo. La responsabilidad de los supervisores debe cambiarse de simples números a calidad. Esto significa, entre otras cosas, la supresión de la calificación anual o de mérito y de la gestión por objetivos.

13) *Instituir un vigoroso programa de educación y superación personal.*

14) *Conseguir que todos en la empresa trabajen para lograr la transformación.* La transformación es tarea de todos.

Transformación

Al estar abierta al cambio, una organización se abre a la transformación. El primer paso es la transformación del individuo, de cada empleado por separado. Esta transformación no ocurre al mismo ritmo para todos. Para algunos va más rápido que para otros.

Cuando el empleado, individualmente se abre a la transformación, puede experimentar un nuevo significado en su vida con respecto a los eventos, cifras y fechas límite y las interacciones entre las personas. Por lo tanto, aplicará sus principios en cualquier forma de relación con otras personas. Él sentará las bases para evaluar sus propias elecciones y cómo puede aplicarlas en la organización para la que trabaja.

Como resultado, es capaz de actuar como ejemplo, y escuchar y aprender constantemente de los demás. Cuando todos los empleados se transforman de esta manera, toda la organización se transformará y aplicará una nueva filosofía de acuerdo con los 14 puntos de gestión de Deming.

Deming también describió **Siete Enfermedades Mortales**, que describen las barreras más serias a las que la gerencia se enfrenta potencialmente, dentro de una organización. A continuación, se describen las **siete enfermedades mortales**, así como una explicación de cada una:

1) *Falta de constancia en el propósito* de planificar productos y servicios que tendrán mercado y mantendrán a la empresa en el negocio y proporcionarán empleos. Mientras la atención se centre en el pensamiento a corto plazo, la dirección no planificará adecuadamente. Sin una buena planificación a largo plazo, los esfuerzos de los trabajadores serán irrelevantes: la Gestión de Calidad Total (TQM) no puede ser una moda, ya que el progreso a largo plazo siempre debe ser el objetivo final de cualquier organización.

2) *Énfasis en las ganancias a corto plazo.* Pensar a corto plazo, es lo opuesto a la constancia en el propósito, para mantenerse en el negocio, alimentado por el miedo a la presión de los banqueros y acreedores. Impulsar los beneficios a corto plazo es más fácil, ya que normalmente implica la reducción de cualquier gasto relacionado con el largo plazo: formación, gestión de garantía de calidad, mantenimiento, etc.

3) *Sistemas de revisión del personal*, o evaluación de desempeño, calificación de méritos, revisión anual, etc., para las personas de la gerencia, cuyos efectos son devastadores. La gestión por objetivos, sobre la base de pasa/no pasa, sin un método para lograr el objetivo,

es lo mismo que la gestión por miedo. El problema esencial con los sistemas de mérito es que recompensan los resultados en lugar de la mejora del proceso. Algunos gerentes quieren recompensar a las personas que cooperan más o que parecen tener mejores actitudes e insistirán en que pueden reconocer a las personas que son más cooperativas y tienen la una elevada ética de trabajo. En cambio, los gerentes deben entender que la mejor manera de desarrollar la cooperación es enfocándose en la naturaleza del ambiente de trabajo, no en recompensas monetarias.

4) *Movilidad de la dirección: cambio de empleos.* La más simple y, sin embargo, una de las enfermedades de gestión de sistemas de calidad más mortales, la movilidad de la gestión (o cuando la alta dirección cambia de organización cada 3-4 años). Significa que los esfuerzos de mejora continua se romperán y desarticularán a medida que se incorporen nuevos líderes. Con los cambios en el liderazgo, hay un cambio en la filosofía de la gestión. Los gerentes que tienen la vista puesta en la próxima promoción, quieren resultados ahora, para ganar el siguiente escalón en la escalera de su promoción personal.

5) *Uso de figuras visibles solo para la gestión*, con poca o ninguna consideración de figuras desconocidas o difíciles de calcular. Algunos hechos son simplemente incognoscibles. Sabiendo esto, Deming insistió en que los líderes aún deben tomar decisiones y manejar una situación. Esto lleva a un dilema básico: ¿cómo saber qué habría pasado si hubiera seguido su curso anterior? ¿Cómo valora en dinero la fidelidad del cliente, ganada a través de los esfuerzos de mejora de la calidad? No puede, porque estos números son incognoscibles, y esto debe tenerse en cuenta.

6) *Costes médicos excesivos.* Para la economía, la atención médica como porcentaje de los gastos generales ha aumentado constantemente durante décadas, lo que empuja gradualmente a numerosas empresas a un estado de crisis. Esto es aplicable a sistemas en los que no existe una sanidad pública (como en EE.UU.) y los gastos

de seguros médicos corren a cargo de los empresarios que aseguran a sus empleados.

7) *Costes excesivos de responsabilidad legal.* Deming culpó a los abogados estadounidenses en parte de los problemas de las empresas estadounidenses. Estados Unidos tiene más abogados per cápita que cualquier otro país del mundo, y dedican gran parte de su tiempo profesional a buscar personas a las que demandar. Al igual que los costes de atención médica en el número 6, Deming creía que el remedio para esta enfermedad probablemente tendría que provenir del gobierno.

Philips B. Crosby

A continuación, se relacionan algunas citas famosas de Phil Crosby:

Mejorar la calidad requiere un cambio de cultura, no solo una nueva dieta

Siempre es más barato hacer bien el trabajo la primera vez

Es comprensible tomar una decisión equivocada. Negarse a buscar continuamente el aprendizaje no

La calidad tiene que ser causada, no controlada

La calidad es gratis. No es un regalo, pero es gratis.
Las cosas sin "calidad" son las que cuestan dinero

La calidad es una bandera tan atractiva que a veces pensamos podemos salirnos con la nuestra con solo agitarla, sin tener que hacer el duro trabajo necesario para lograrla

La calidad es el resultado de un entorno cultural cuidadosamente construido
Tiene que ser el tejido de la organización, no parte del tejido

Figura 1.4 Citas de Crosby

Nacido en 1926, Philips B. Crosby fue un autor y hombre de negocios que contribuyó a la teoría de la gestión y las prácticas de gestión de la calidad. El principio de Crosby, *Hacerlo bien a la primera*, fue su respuesta a la crisis de la calidad. Definió la calidad como una conformidad total y perfecta con los requisitos de los clientes. La esencia de su filosofía se expresa en lo que llamó Absolutos de Gestión de Calidad y Elementos Básicos de Mejora.

Los Absolutos de la Gestión de la Calidad

Crosby definió cuatro Absolutos de la Gestión de la Calidad, que son:

1. El primer absoluto: la definición de calidad es conformidad con los requisitos.

2. El siguiente absoluto: el sistema de calidad es prevención.

3. El tercer absoluto: el estándar de rendimiento es cero defectos.

4. El absoluto final: la medida de la calidad es el precio de la no conformidad.

El programa de **Cero Defectos** de Crosby es un método y estándar de desempeño que establece que las personas deben comprometerse a vigilar de cerca los detalles y evitar los errores. Al hacer esto, se acercan al objetivo de cero defectos. Según Crosby, cero defectos, no era solo un principio de fabricación, sino una filosofía omnipresente que debería influir en todas las decisiones que tomamos.

Los catorce pasos para mejorar la calidad

1) *Compromiso de la Dirección* - Deje en claro que la dirección está comprometida con la calidad.

2) *Equipos de mejora de la calidad* - Forme equipos de mejora de la calidad con representantes de alto nivel de cada departamento.

3) *Medir los procesos* - Mida los procesos para determinar dónde se encuentran los problemas de calidad actuales y potenciales.

4) *Coste de la calidad* - Evalúe el coste de la calidad y explique su uso como herramienta de gestión.

5) *Conciencia de la calidad* - Aumente la conciencia de la calidad y la preocupación personal de todos los empleados.

6) *Corregir problemas* - Tome medidas para corregir los problemas identificados en los pasos anteriores.

7) *Supervisar el progreso* - Establezca el seguimiento del progreso del proceso de mejora.

8) *Capacitar a los supervisores* - Capacite a los supervisores para que lleven a cabo activamente su parte del programa de mejora de la calidad.

9) *Día de Cero Defectos* - Celebre un día, Cero Defectos, para reafirmar el compromiso de la dirección.

10) *Establezca metas de mejora* - Anime a las personas a establecer metas de mejora para sí mismas y para su equipo.

11) *Elimine el miedo* - Anime a los empleados a informar a la gerencia sobre los obstáculos para mejorar la calidad.

12) *Reconocer* - Reconozca y aprecie a quienes participan.

13) *Consejos de calidad* - Establezca consejos de calidad para comunicarse con regularidad.

14) *Repita el ciclo* - Repítalo de nuevo para enfatizar que el proceso de mejora de la calidad no termina nunca.

La "vacuna" de la calidad

Crosby explicó que esta vacuna es la medicina que tienen las organizaciones para prevenir la mala calidad. Consiste en:

a. **Integridad**: La calidad debe tomarse en serio en toda la organización, desde los niveles más altos hasta los más bajos. El futuro de la empresa se juzgará por la calidad que ofrezca.

b. **Sistemas**: Las medidas y los sistemas correctos son necesarios para los costes de calidad, el desempeño, la educación, la mejora, la revisión y la satisfacción del cliente.

c. **Comunicación**: La comunicación es un factor muy importante en una organización. Se requiere comunicar las especificaciones, requisitos y oportunidades de mejora de la organización. Escuchar atentamente a los clientes y trabajadores e incorporar sus comentarios dará a la organización una ventaja sobre la competencia.

d. **Operaciones**: Una cultura de mejora debe ser la norma en cualquier organización y el proceso debe ser sólido.

e. **Políticas**: Las políticas que se implementen deben ser coherentes y claras en toda la organización.

Joseph M. Juran[10]

... cada revolución exitosa de calidad ha incluido la participación de la alta dirección. No conocemos excepciones

Para muchos fenómenos, el 80% de las consecuencias se derivan del 20% de las causas

[10] Juran, Joseph M. 1989. *Juran on Leadership for Quality. An Executive Handbook.* New York: The Free Press

Sin un estándar no hay base lógica
para tomar una decisión o para actuar

El establecimiento de objetivos se ha basado tradicionalmente en el desempeño pasado.
Esta práctica ha tendido a perpetuar los pecados del pasado

Toda mejora ocurre proyecto por proyecto y de ninguna otra manera

Figura 1.5 Citas de Juran

Nacido en 1904, Josep M. Juran fue un ingeniero y consultor de gestión estadounidense de origen rumano y un misionero de la calidad y de la gestión de la calidad. Al igual que Deming, la filosofía de Juran también arraigó en Japón. Hizo hincapié en la importancia de un enfoque amplio de la calidad a nivel organizativo, afirmando que la gestión de la calidad total comienza desde la posición más alta en la gestión y continúa hasta el final.

Influencia del principio de Pareto

En 1941, Juran conoció la obra de Vilfredo Pareto. Estudió el principio de Pareto (la Ley del 80-20), que establece que, para muchos sucesos, aproximadamente el 80% de los efectos se derivan del 20% de las causas y aplicó este concepto a cuestiones de calidad. Así, según Juran, el 80% de los problemas en una organización son provocados por el 20% de las causas. Esto también se conoce como la regla de los "Pocos Vitales y los Muchos Triviales". Juran, en sus últimos años, prefirió decir "Los Pocos Vitales y los Muchos Útiles" sugiriendo que el 80% restante de las causas no deben ignorarse por completo.

¿Cuál era la filosofía de Juran?

El enfoque principal de cada negocio, durante la época de Juran, era la calidad del producto final, que es en lo que Deming destacó. Juran cambió el enfoque para centrarse en la dimensión humana de la gestión de la calidad. Hizo hincapié en la importancia de educar y capacitar a los gerentes. Para

Juran, la causa fundamental de los problemas de calidad era la resistencia al cambio y los problemas en las relaciones humanas.

La trilogía de la calidad de Juran

Juran fue uno de los primeros en escribir sobre el coste de la mala calidad, y desarrolló un enfoque para la gestión multifuncional que comprende tres procesos:

1. **Planificación de la calidad**: Es un proceso que implica crear conciencia sobre la necesidad de mejorar, establecer determinadas metas y planificar formas de alcanzarlas. Este proceso tiene sus raíces en el compromiso de la dirección con el cambio planificado que requiere personal formado y cualificado.

2. **Control de calidad**: Este es un proceso para desarrollar los métodos para probar la calidad de los productos. La desviación del estándar requerirá cambios y mejoras.

3. **Mejora de la calidad**: Este es un proceso que implica el impulso constante hacia la perfección. Mejoras en la calidad deben introducirse continuamente. Los problemas deben diagnosticarse desde la raíz para desarrollar soluciones. La gerencia debe analizar los procesos y los sistemas e informar con reconocimiento y elogio cuando las cosas se hacen bien.

Juran también presentó los **Tres Pasos Básicos para el Progreso**, los que, en su opinión, las empresas deben implementar para lograr una alta calidad:

1. Lograr mejoras estructuradas de forma regular con compromiso y sentido de urgencia

2. Desarrollar un programa de formación extenso

3. Cultivar el compromiso y el liderazgo en los niveles superiores de la dirección

Diez pasos hacia la calidad

Juran ideó diez pasos que las organizaciones deben seguir para lograr una mejor calidad.

1) Crear conciencia sobre la necesidad de mejorar y las oportunidades de mejora
2) Establecer metas de mejora
3) Organizar para cumplir con los objetivos que se han establecido
4) Brindar formación
5) Implementar proyectos destinados a resolver problemas
6) Informar del progreso
7) Dar reconocimiento
8) Comunicar resultados
9) Llevar el control
10) Mantener el impulso incorporando mejoras en los sistemas habituales de la empresa

1.8 Signos de una cultura de calidad débil

Muchas organizaciones solo llegan al nivel de desarrollar e implementar (con más o menos éxito) un programa de calidad, basado principalmente en determinadas actividades reactivas como son la inspección y los análisis. Su medición del desempeño del sistema de calidad se basa en indicadores reactivos y a posteriori. Esto no se puede confundir con tener una cultura de calidad efectiva como se definió anteriormente en este Capítulo. Una cultura de calidad ayuda a las organizaciones a lograr sus objetivos de calidad. Sin duda, uno de los indicadores más llamativos de una cultura débil es la falta de liderazgo.

La siguiente, es una lista no exhaustiva, de algunos de los signos más importantes de una cultura débil de calidad y cumplimiento:

- Falta de énfasis del liderazgo en la calidad. Los altos ejecutivos rara vez discuten la calidad, y mucho menos el desempeño, frente a los objetivos de calidad.

- El liderazgo y la gestión en general comparten una falta de formación y conocimientos adecuados de temas regulatorios y de calidad.

- La visión de la calidad en la organización es inexistente o tiene un vínculo mínimo con la estrategia comercial.

- Falta de credibilidad del mensaje. Los gerentes de la organización no enfatizan constantemente la calidad o se resisten a las iniciativas de calidad.

- La organización tiene poca o ninguna retroalimentación para la mejora continua de los procesos.

- La organización carece de mecanismos formales para recopilar y analizar la retroalimentación que aportan los clientes (tanto internos como externos), incluida la medición de la percepción que tienen los trabajadores sobre la cultura de calidad de la organización.

- Los indicadores utilizados para la evaluación del desempeño presentan poca o ninguna mención de los objetivos de calidad.

- Falta de compromiso de los trabajadores. Los trabajadores no están familiarizados con la visión y los valores de calidad de la organización, o quizás peor, los ven como meras consignas.

- Programas de desarrollo y formación deficientes que carecen de énfasis en la calidad. En nuestra industria, esto se traduce en falta de educación básica sobre el cumplimiento, falta de comprensión de las buenas prácticas de higiene y de fabricación o falta de comprensión acerca de los factores humanos que afectan el desempeño y a la calidad.

- Los nuevos trabajadores no conocen formalmente la visión y los valores de calidad de la organización. Las nuevas contrataciones en nuestra industria generalmente recibieron una formación de incorporación insuficiente, especialmente en el área de buenas prácticas de higiene y de fabricación y de cumplimiento regulatorio.

- La organización experimenta contratiempos frecuentes debido a una calidad inconsistente.

- Los procesos de gestión de riesgos se utilizan principalmente para justificar la calidad deficiente del producto, en lugar de utilizarse como una herramienta preventiva y proactiva para mejorar la calidad de los productos y el cumplimiento de los procesos del sistema de calidad.

- Falta de precisión en la gestión y presentación de informes y registros de datos de calidad y cumplimiento, lo que constituye tanto un problema de integridad de datos como un trabajo descuidado.

- Estilo de gestión que utiliza principalmente el miedo, las represalias y sólo las consecuencias negativas.

- El liderazgo nunca se hace responsable de los contratiempos normativos y de calidad. El cumplimiento parece ser una persecución regulatoria, en lugar de pensar que se carece de una cultura de calidad y de una supervisión de la gestión adecuadas.

- Falta de confianza. La dirección no confía en los trabajadores y los trabajadores tampoco confían en las acciones de la dirección.

- Las revisiones de la gerencia solo incluyen indicadores retrospectivos. No se evalúan indicadores proactivos.

- Los compromisos incumplidos son otra señal clara de una cultura de mala calidad y la falta de liderazgo y supervisión de la gestión. Abarca desde investigaciones, CAPA, hasta retrasos en el cumplimiento de los compromisos adquiridos con las autoridades sanitarias para la corrección de incumplimientos. Tenga en cuenta que cuando se compromete con las autoridades sanitarias a completar una acción o enviar un informe antes de una fecha determinada, aunque lo haya llamado un día "objetivo", para los inspectores se convierte en una fecha "no posterior a". Evidentemente, circunstancias específicas bien pueden justificar una demora de dicho compromiso, pero debería ser la excepción, no la norma.

- Falta de suficiente personal competente, incluido el departamento de gestión de calidad. Bajo un sistema de calidad robusto, se deben asignar recursos suficientes para realizar las actividades operativas de un modo efectivo y eficiente. La alta dirección es responsable de proporcionar los recursos adecuados, lo cual es clave para crear un sistema de calidad sólido y para cumplir con las normas. Aunque el personal de calidad no debe asumir las responsabilidades de otras unidades de la organización, este personal debe seleccionarse en función de su comprensión científica y técnica, conocimiento del producto, conocimiento del proceso y/o habilidades en la evaluación de riesgos para ejecutar adecuadamente las funciones de calidad. Los retrasos constantes en las fechas de vencimiento de los documentos controles de cambios, investigaciones, CAPA, son solo un síntoma de esta insuficiente falta de personal competente.

- Falta de supervisión y control de liderazgo de las actividades de cumplimiento regulatorio. Contratar y pagar consultores no es suficiente. Los propios líderes son también responsables de la solución de los incumplimientos, desde la selección de los consultores adecuados, hasta la supervisión constante. Los líderes no pueden delegar esta responsabilidad a los consultores.

Por último, nos gustaría describir brevemente quizás el enemigo más peligroso y vicioso para una cultura fuerte y positiva de calidad y cumplimiento: el nano-administrador, que también puede ser nombrado como gerente anti-cultura. Todos conocen ejemplos de gerentes que requieren ser puestos en copia en todos los correos electrónicos y documentos, y que quieren ser parte de todas las decisiones, incluidas muchas decisiones técnicas fuera de su conocimiento y capacidad. Y si fuera poco, además, luego, ni leen ni actúan sobre esas comunicaciones.

1.9 El edificio de la calidad

En los siguientes capítulos, los lectores encontrarán los principios y valores fundamentales de una cultura de calidad fuerte y positiva (Capítulo 2), y los tres pilares básicos necesarios para construir un SGC eficaz: a) suficientes personas competentes (Capítulo 5), b) un programa de formación y desarrollo adecuado (Capítulo 6), y c) adecuada documentación (Capítulo 7) que incluye procedimientos, instrucciones de trabajo, etc. Todos esos elementos juntos, dan forma a nuestro edificio de la calidad como se muestra en la Figura 1.6.

Un sistema de calidad eficaz y eficiente debe construirse sobre una base sólida de cultura de calidad y cumplimiento que, a su vez, también necesita de una base muy sólida. La base de cualquier empresa son sus valores y principios, y para tener éxito y construir una cultura de calidad efectiva, la empresa debe definir la cultura como un principio fundamental.

Los valores y principios no son lo mismo que las prioridades. Las prioridades pueden cambiar según las circunstancias, pero los valores/ principios no deberían hacerlo. En organizaciones con culturas sólidas (seguridad, servicio, calidad, etc.), los líderes actuales o pasados han formulado un conjunto de valores fundamentales que se convirtieron en sus principios rectores. La mayoría de las veces, documentan esos principios como un compromiso o un credo. Documentar los compromisos por escrito es un elemento importante de una cultura eficaz porque, al hacerlo, los líderes aumentan la presión para que las acciones de los trabajadores (incluidos los líderes) sean consistentes con sus creencias.

Al crear una cultura de calidad y cumplimiento, este es un buen sitio para comenzar. ¿Por qué fracasan la mayoría de las organizaciones? porque sus acciones no están alineadas con esos principios que muy a menudo llenan las paredes de los vestíbulos y pasillos de los edificios. Y las razones de los fracasos son varias, comenzando con el incumplimiento de los compromisos por parte del liderazgo.

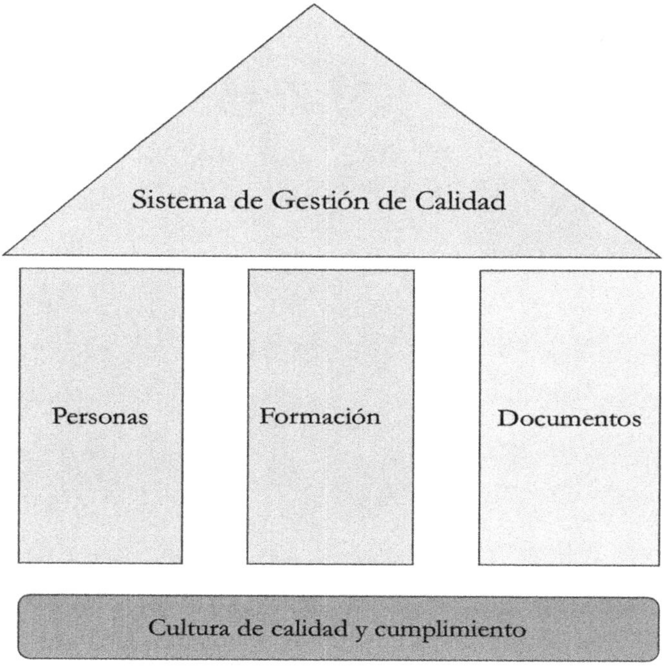

Figura 1.6 Edificio de la Calidad y el Cumplimiento

Capítulo 2
Principios de una cultura de calidad

Hasta ahora no se ha escrito ni investigado mucho sobre la cultura de la calidad, pero tenemos los beneficios extraídos de muy buenas investigaciones y estudios relacionados con la cultura de la seguridad. Más a menudo de lo que cabría esperar, encontramos empresas de fabricación plagados de graves problemas de calidad, pero con un buen historial en términos de problemas de seguridad. Invariablemente, la causa es que la empresa tiene una fuerte cultura de seguridad.

Continuando con este proceso de referencia con la cultura de seguridad, hay un estudio notable titulado *Driving Toward* "0" *Best Practices in Corporate Safety and Health* por Meredith Armstrong Whiting y Charles J. Bennett[11], donde pusieron de manifiesto que la cultura de seguridad de 65 empresas líderes de EE. UU. tenía principios básicos comunes. Aunque el informe se centra en cuestiones de seguridad y salud ocupacional, sus hallazgos son ampliamente aplicables, incluso en el camino hacia una cultura eficaz de la calidad. Si la seguridad no se prioriza como parte de la cultura organizacional,

[11]https://www.osha.gov/dcsp/compliance_assistance/conf_board_report_2003.pdf, último acceso 06/04/2021

entonces es más probable que ocurran comportamientos inseguros. El mismo principio de razonamiento se aplica a la calidad: si no se prioriza la calidad sobre los objetivos de producción, por ejemplo, surgirán comportamientos arriesgados.

Las empresas que se esfuerzan por obtener marcas de calidad sobresalientes no solo garantizan un estricto cumplimiento normativo, sino que también desarrollan sus propias mejores prácticas para mejorar su desempeño. Los principales impulsores son:

- Una fuerte creencia de que la mala calidad (rechazos, reprocesos, reinspección, desviaciones del proceso, reclamaciones de los clientes, etc.) es inaceptable en sus operaciones

- Una firme convicción de que las empresas se benefician, directamente, de la reducción de costes, e indirectamente, de la mejora de la moral y del aumento de la productividad

- Confianza por parte de todos los trabajadores de que la empresa valora la calidad de manera comparable con otros valores, y una comprensión por parte de todos los empleados, de cómo lograr el desempeño esperado

- Todos están comprometidos

- Los trabajadores de primera línea ganan confianza en la organización al observar el comportamiento de los líderes y la gerencia en todos los niveles

- Los gerentes se ganan la confianza de los trabajadores a través de una variedad de medios, que incluyen caminatas Gemba, escuchar las preocupaciones de los trabajadores, apoyar y participar en los programas de auditoría interna y actuar como modelos a seguir

Las empresas de fabricación de alimentos están altamente reguladas. Sin embargo, es fundamental comprender que las regulaciones (Reglamento (CE) nº 178/2002, Reglamento (CE) nº 852/2004, Reglamento (CE) nº 853/2004 Reglamento (CE) nº 2073/2005 etc…) representan solo unos requisitos mínimos. Las autoridades sanitarias y, lo que es más importante, los consumidores, esperan que se implementemos sistemas de calidad modernos e integrales, con enfoques de gestión de riesgos que superen esos requisitos mínimos. El solo hecho de cumplir con las regulaciones no es suficiente.

Muchas empresas de fabricación de alimentos todavía creen que los problemas de calidad son creados por la "plaga del error humano". Nuestra opinión, basada en el conocimiento directo de los sistemas CAPA de muchas empresas, es que nadie ha trabajado y conseguido con éxito revertir esa "plaga" a una situación controlada. Los denominados errores humanos siguen siendo una epidemia para las empresas. Esta falta de éxito se produce a pesar de que algunas empresas han realizado grandes inversiones en tecnología, por ejemplo, realizando más procedimientos gráficos y pictóricos con muchas imágenes en color, registros de fabricación mejor formateados, más automatización, etc.

Es necesario señalar que los problemas de calidad no se pueden eliminar, ni siquiera reducir significativamente, simplemente diciéndole a la persona que cometió el error o equivocación, que tenga más cuidado. Una advertencia individual o una advertencia general para detener un comportamiento, es un enfoque muy simplista y no funciona, porque no estamos abordando ninguna causa raíz. Los problemas de calidad no desaparecerán simplemente disciplinando o reprendiendo a las personas que cometen los errores.

La falta de éxito proviene de un solo factor: no están cambiando la cultura de la calidad, comenzando desde la cúspide de la organización.

Algunos de los cambios necesarios incluyen:

- Promoción de la calidad en los procesos por encima del rendimiento de los mismos

- Promover y exigir la responsabilidad personal a todos los niveles

- Utilizar herramientas de gestión de riesgos para evitar no conformidades, no para justificar la aceptabilidad de productos no conformes

En general, podemos encontrar algunas características comunes compartidas por empresas con una cultura fuerte y positiva de calidad y cumplimiento:

- Describen claramente lo que se espera que las personas hagan por la calidad y el cumplimiento

- Hacen de la calidad y el cumplimiento una responsabilidad y una rendición de cuentas a los responsables de línea

- Incorporan la calidad y el cumplimiento como una estrategia operativa en el proceso empresarial

- Utilizan medidas proactivas de calidad y cumplimiento

- Los líderes superiores no han de apoyar la calidad y el cumplimiento, deben liderarla.

El resto de este capítulo analiza los diez principios que representan los valores fundamentales de una cultura de calidad y cumplimiento sólida para las empresas de fabricación de alimentos. Los principios de la cultura de la calidad y el cumplimiento son un conjunto de creencias, normas, reglas y valores fundamentales que se aceptan como verdaderos y que se pueden utilizar como base para crear y mantener una cultura sólida y positiva hacia la calidad y el cumplimiento. Estos principios no se enumeran en orden de prioridad. La importancia relativa de cada principio variará de una empresa a otra y se puede esperar que cambie con el tiempo.

Estos diez principios son:

1. Liderazgo desde la alta dirección

2. Clara visibilidad de la gestión y el liderazgo

3. Responsabilidad y compromiso a todos los niveles: aceptación de la responsabilidad personal por la calidad

4. Intercambio de conocimientos e información

5. Toma de decisiones sólida y enfoque científico basado en sistemas para la calidad y el cumplimiento

6. Creación de expectativas de desempeño de calidad y cumplimiento

7. Educar y formar para influir en el comportamiento, desarrollando continuamente las habilidades y el conocimiento de las personas

8. Desarrollar objetivos e indicadores de la calidad y el cumplimiento

9. Usar las consecuencias para aumentar o disminuir comportamientos

10. Compromiso con la resiliencia: aprender de los errores

La ISO introduce en el año 2015[12], siete principios de gestión de la calidad que son la base para ISO 9000, ISO 9001 y las normas de gestión de calidad ISO relacionadas. En la sección 1.4, discutimos acerca de que las empresas de productos alimenticios deben evolucionar de un sistema de gestión de la calidad a una cultura de cumplimiento y calidad basada en el comportamiento

[12] https://www.iso.org/files/live/sites/isoorg/files/store/en/PUB100080.pdf, último acceso 06/02/2021

y, por lo tanto, estos siete principios de gestión de la calidad están estrechamente relacionados con los principios de la cultura de la calidad descritos anteriormente.

Los principios de gestión de la calidad de ISO son:

1. **Enfoque al cliente**: el enfoque principal de la gestión de la calidad es cumplir con los requisitos del cliente y esforzarse por superar las expectativas del cliente.

2. **Liderazgo**: los líderes de todos los niveles, establecen unidad de propósito y dirección para crear condiciones en las que las personas se comprometan a lograr los objetivos de calidad de la empresa.

3. **Compromiso de las personas**: las personas competentes, empoderadas y comprometidas en todos los niveles de la organización, son esenciales para mejorar su capacidad de crear y dar valor.

4. **Enfoque de proceso**: se logran resultados consistentes y predecibles de manera más efectiva y eficiente, cuando las actividades se entienden y gestionan como procesos interrelacionados y funcionan como un sistema coherente.

5. **Mejora**: las organizaciones exitosas tienen un enfoque continuo en la mejora.

6. **Toma de decisiones basada en la evidencia**: las decisiones basadas en el análisis y la evaluación de datos e información tienen más probabilidades de producir los resultados deseados.

7. **Gestión de relaciones**: para un éxito sostenido, una organización gestiona sus relaciones con las partes interesadas, como los proveedores.

Este capítulo proporciona una perspectiva general de los principios de la cultura de la calidad que subyacen a una cultura de cumplimiento y calidad de los productos alimenticios basada en el comportamiento eficaz. Ofrece una descripción general de estos principios y muestra cómo, colectivamente, pueden formar una base para crear y mantener la excelencia cultural de la calidad y el cumplimiento.

Hay muchas formas de aplicar estos principios de cultura de la calidad y cumplimiento. Los desafíos específicos a los que se enfrenta una empresa, determinarán cómo implementarlos.

Para cada uno de los diez principios que se presenta en las páginas siguientes y que son la base de la cultura de la calidad y el cumplimiento, incluimos una descripción y la justificación de cada principio, así como las características de una cultura de la calidad positiva asociada a él.
Los comportamientos para promover y liderar los indicadores de calidad asociados a cada uno de los diez principios se describen en los Capítulos 3 y 4, respectivamente.

El Apéndice A describe en forma de tabla, las características, los comportamientos deseados y los principales indicadores que se asocian a cada uno de los diez principios de una cultura positiva y sólida de la calidad y el cumplimiento.

2.1 Liderazgo desde la alta dirección

La cultura de la calidad y el cumplimiento ha de comenzar en la parte superior, en la cúspide de la organización y fluir hacia abajo. No fluye de abajo hacia arriba. Es una función del liderazgo crear una visión de la calidad y cumplimiento, establecer expectativas e inspirar a otros a seguirla. Los líderes de todos los niveles establecen una unidad en el propósito y en la dirección y crean las condiciones necesarias para que las personas se comprometan a lograr los objetivos de calidad y cumplimiento de la empresa.

Curiosamente, hablamos de sistemas de gestión de calidad, no de sistemas de liderazgo de calidad. Sin embargo, gestión y liderazgo no son lo mismo. Como explica Maxwell (1988), "la principal diferencia entre los dos es que el liderazgo trata de influir en las personas para que lo sigan, mientras que la gestión se centra en mantener el sistema y los procesos".

Sin embargo, el liderazgo y la gestión deben ir de la mano. No son la misma cosa, pero están vinculados y son complementarios. Por eso es probable que cualquier esfuerzo por separar ambos cause más problemas de los que resuelve.

Los líderes definen objetivos y asignan recursos, y tienen una función más estratégica. Los gerentes organizan los recursos para lograr un resultado al involucrar a las personas en la organización y actúan con un papel más táctico. Los gerentes coordinan las actividades para dirigir y controlar una organización.

El liderazgo es el proceso para determinar un posible estado futuro que aún no existe. La gestión son las actividades coordinadas para dirigir y controlar una organización. Y para que una organización tenga éxito, es imperativo que tenga un liderazgo y una gestión eficaces.

Aún así, hay mucho escrito para intentar delinear las diferencias. El trabajo del gerente es planificar, organizar y coordinar. El trabajo del líder es inspirar y motivar. En su libro de 1989 *Convertirse en un líder*, Warren Bennis compuso una lista de diferencias:

Tabla 2.1 Diferencias entre un líder y un gerente

- El gerente administra; el líder innova
- El gerente mantiene; el líder desarrolla
- El gerente se centra en los sistemas y la estructura; el líder se enfoca en las personas
- El gerente confía en el control; el líder inspira confianza
- El gerente tiene una visión a corto plazo; el líder tiene una perspectiva a largo plazo

- El gerente pregunta cómo y cuándo; el líder pregunta qué y por qué

- El gerente siempre tiene los ojos puestos en el resultado final; el ojo del líder está en el horizonte

- El gerente imita; el líder se origina

- El gerente acepta el *status quo*; el líder lo desafía

- El gerente hace las cosas bien; el líder hace lo correcto

Pero en la economía actual, donde el valor proviene cada vez más del conocimiento de las personas, y donde los trabajadores ya no son partes indiferenciadas de la maquinaria industrial, la dirección y el liderazgo no se separan fácilmente. La alta dirección busca a sus gerentes, no solo para asignarles una tarea, sino para definirles un propósito. Y los gerentes deben organizar a los trabajadores, no solo para maximizar la eficiencia, sino para fomentar las habilidades, desarrollar el talento e inspirar resultados. Deben ser más "capacitadores" que los gerentes tradicionales.

El fallecido gurú de la gestión, Peter Drucker, fue uno de los primeros en reconocer esta verdad. Identificó el surgimiento del "trabajador del conocimiento" y las profundas diferencias que causaría en la forma en que se organizaba la empresa. Con el auge del *trabajador del conocimiento*, "uno no gestiona a las personas", escribió Drucker. "La tarea es liderar a las personas. Y el objetivo es hacer productivas las fortalezas y los conocimientos específicos de cada individuo". Usando una cita famosa de Drucker, "La gestión es estar haciendo las cosas bien; el liderazgo es hacer las cosas correctas". También recomendó que los líderes debían responder las siguientes cinco preguntas que se amplían más en el Capítulo 8:

1. ¿Cuál es nuestra misión?

2. ¿Quién es nuestro cliente?

3. ¿Qué valora el cliente?

4. ¿Cuáles son nuestros resultados?

5. ¿Cuál es nuestro plan?

Si los altos ejecutivos creen en el valor de las estrategias, establecen expectativas para otros gerentes, cumplen esas expectativas y aportan los recursos apropiados, las creencias, normas y prácticas compartidas, evolucionarán. Todos los niveles de gestión, desde el director ejecutivo hasta los supervisores o jefes de equipo, deben "vivir" la calidad y el cumplimiento.

La alta dirección es responsable de establecer una estructura apropiada del sistema de calidad para una organización específica y la gerencia tiene la responsabilidad última de proporcionar el liderazgo necesario para el funcionamiento exitoso de un sistema de calidad".

En un sistema de calidad moderno y sólido, la alta dirección debe demostrar su compromiso con el desarrollo y el mantenimiento de su sistema de calidad. Los planes del sistema de calidad deben estar alineados con los planes estratégicos del fabricante para garantizar que el sistema sea parte de la misión y de las estrategias de calidad del fabricante.

Los altos directivos tienen que establecer las prioridades de implementación y desarrollar planes de acción. Al diseñar un sistema de calidad sólido, la gerencia tiene la responsabilidad de estructurar la organización y garantizar que las autoridades y responsabilidades asignadas, respalden las actividades de producción, calidad y gestión necesarias para producir productos de calidad.

Los altos directivos tienen la responsabilidad de garantizar que la estructura de la organización esté documentada. La implementación de una cultura sólida de calidad y cumplimiento va a ayudar a garantizar el cumplimiento de las regulaciones relacionadas con la seguridad de los alimentos.

Las políticas, objetivos y planes bajo un moderno sistema de calidad proporcionan los medios por los cuales los altos directivos articulan su visión y compromiso con la calidad y el cumplimiento a todos los niveles de la organización.

Bajo un sistema de calidad y cumplimiento, la alta dirección debe incorporar un fuerte compromiso con la calidad en la misión de la organización. Los altos directivos deben desarrollar una política de calidad y cumplimiento organizacional que se alinee con esta misión; comprometerse a cumplir con los requisitos de mejorar el sistema de calidad; y proponer objetivos para cumplir con la política de calidad. Bajo un sistema de calidad y cumplimiento, para que la política sea relevante, debe ser comunicada y comprendida por todo el personal y revisada, según sea necesario.

Los altos directivos que operan dentro de un sistema de calidad deben definir los objetivos de calidad identificados para implementar la política de calidad. La alta dirección debe asegurarse de que los objetivos de calidad se creen en el nivel superior de la organización (y en otros niveles según sea necesario) a través de un proceso formal de planificación de la calidad. Los objetivos han de estar alineados con los planes estratégicos del fabricante. Un sistema de calidad busca asegurar que los gerentes apoyen los objetivos con los recursos necesarios y tengan metas mensurables que sean vigiladas regularmente.

Bajo un enfoque de sistemas de calidad, los gerentes utilizarán la planificación de la calidad y el cumplimiento para identificar y asignar recursos y para definir métodos para lograr los objetivos de calidad. Los planes del sistema de calidad deben documentarse y comunicarse al personal para garantizar el conocimiento de cómo sus actividades operativas están alineadas con los objetivos estratégicos y de calidad.

Como resumen, la alta dirección debe garantizar:

- Que los mejores líderes lideren la calidad

- Apoyo de la alta dirección claramente visible, comprometido e inquebrantable para las iniciativas de la calidad y el cumplimiento

- Liderazgo y visión

- Los líderes de todos los niveles establecen una unidad de propósito y dirección y crean las condiciones adecuadas para que las que las personas se comprometan a lograr los objetivos de calidad y cumplimiento de la empresa

Nos gustaría terminar la discusión de este principio clave mencionando al Dr. Deming. De sus prolíficos escritos sobre el liderazgo como motor de la cultura de la calidad, a continuación, se presentan tres temas de su libro *Out of The Crisis*:

Esperanza de un "sufflé" instantáneo. Un obstáculo importante, es la suposición, de que la mejora de la calidad y la productividad se logran de repente. Los correos electrónicos y las llamadas telefónicas recibidas por estos autores revelan la preponderancia de la suposición de que una o dos llamadas con un consultor competente pondrán a la empresa en el camino de la calidad y el cumplimiento: el sufflé instantáneo.

El supuesto de que solo es necesario cumplir especificaciones. Es obvio que algo anda mal cuando una característica medida dentro de una especificación se declara no conforme. La suposición de que todo está bien dentro de las especificaciones y que todo lo mal está fuera de esto, no corresponde a este mundo.

Supervivencia del más apto. ¿Quién sobrevivirá? Las empresas que adoptan un propósito constante para la calidad, la productividad y el servicio, y lo hacen con inteligencia y perseverancia, tienen la oportunidad de sobrevivir. Por supuesto, deben ofrecer productos y servicios que tengan mercado. La ley de Charles Darwin de la supervivencia del más apto, y de que los no aptos no sobreviven, se mantiene tanto en la empresa como en la selección natural. Es una ley cruel, implacable. Y los únicos supervivientes serán las empresas con constancia de propósito de calidad, productividad y servicio.

2.2 Clara visibilidad de la gestión y el liderazgo

Para crear una cultura de calidad sostenible, los líderes necesitarán la plena aceptación y el apoyo de la gerencia de nivel medio. Los trabajadores de todos los niveles deben estar seguros de que la organización valora la calidad y el cumplimiento como uno de sus valores fundamentales.

Los gerentes de todos los niveles de la organización deben demostrar visiblemente su compromiso con la calidad en todo lo que hacen y dicen. Todos los trabajadores que están en una posición de superioridad en su cargo, deben ser modelos a seguir para los demás trabajadores, y especialmente para el trabajador de primera línea. Y la única forma de ganarse la confianza de los trabajadores, es que los líderes hagan lo que predican. Solo si los líderes, gerentes y supervisores demuestran una actitud positiva hacia la calidad y el cumplimiento, es probable que los trabajadores hagan lo mismo. Si los trabajadores perciben alguna inconsistencia o falta de compromiso con respecto al compromiso de la organización con la calidad, perderán la confianza. Y sin confianza, una organización o un líder ya no es creíble y es poco probable que se siga.

Sin embargo, tenga en cuenta que una actitud adecuada hacia la calidad no es suficiente, los líderes también deben promover el desarrollo de sus trabajadores y proporcionar conocimientos (ver sección 2.7) para mejorar sus competencias, especialmente en temas relacionados con la calidad y el cumplimiento.

Una cultura de calidad y cumplimiento no se puede implementar de manera sostenible hasta que todos los miembros de la organización se conviertan en promotores y defensores de la calidad. Debemos aprovechar el tipo de productos que fabricamos y el impacto de esos productos en nuestra sociedad.

En nuestro entorno de fabricación altamente regulado, todos los niveles de gestión deben brindar apoyo al sistema de calidad mediante:

- Participación activa en el diseño, implementación y vigilancia del sistema, incluida la revisión del sistema (revisiones de la alta dirección)

- Mejorando continuamente las operaciones del sistema de calidad, y

- Comprometiendo los recursos necesarios y adecuados

En un entorno de un sistema de calidad robusto, todos los gerentes deben demostrar un apoyo fuerte y visible en el sistema de calidad y garantizar su implementación en toda la organización.

Todos los gerentes deben fomentar la comunicación interna sobre cuestiones de calidad y cumplimiento en todos los niveles de la organización. La comunicación debe ser continua sobre temas que afectan la calidad entre el personal de investigación y desarrollo, asuntos regulatorios, fabricación, calidad etc., y cuando sea apropiado, con la alta gerencia incluida.

Todos los gerentes tienen la responsabilidad de comunicar los roles, responsabilidades y autoridades a los empleados dentro del SGC y asegurarse de que las interacciones se definan y comprendan.

Una organización también tiene la responsabilidad de otorgar a la persona designada para gestionar el SGC, la autoridad para detectar problemas e implementar soluciones.

Un componente fundamental y clave en una cultura de calidad y cumplimiento sólida, es la revisión del sistema. Los altos directivos deben realizar revisiones del desempeño del sistema de calidad de acuerdo con un cronograma planificado para asegurar su continua conveniencia, adecuación y efectividad. Esta revisión debe incluir evaluaciones del proceso, producto y necesidades del cliente, utilizando indicadores de calidad y cumplimiento tanto proactivos como a posteriori. Bajo un enfoque de sistemas de calidad, la revisión debe considerar al menos lo siguiente:

- La idoneidad de la política y los objetivos de la calidad

- Los resultados de las auditorías y otras evaluaciones

- Comentarios de los clientes, incluidas las reclamaciones

- El análisis de los resultados de tendencias de datos
- El estado de las acciones para prevenir un problema potencial o una recurrencia
- Cualquier acción de seguimiento de revisiones de gestión anteriores
- Cualquier cambio en las prácticas comerciales o el entorno que pueda afectar el sistema de calidad (como el volumen o el tipo de operaciones)
- Características del producto que satisfacen las necesidades del cliente

Al desarrollar e implementar nuevos sistemas de calidad, las revisiones deben realizarse con una mayor frecuencia que cuando el sistema ha madurado. Fuera de las revisiones programadas, el sistema de calidad debería incluirse normalmente como un tema permanente en la agenda de las reuniones generales de la gerencia. Además, una revisión periódica realizada por una fuente cualificada, externa a la organización, también puede ser útil para evaluar la idoneidad y eficacia del sistema.

Las prácticas de supervisión y revisión de la gerencia que involucran tanto a la gerencia como a los trabajadores que apoyan una cultura de calidad saludable, demuestran transparencia, facilitan el diálogo, y llaman la atención sobre los problemas para que puedan ser abordados. Además, resaltan las mejores prácticas para que puedan ser replicadas. La supervisión y el control adecuados de la gestión del SGC es una de las principales responsabilidades de los líderes y altos directivos.

La presencia y el compromiso de la gerencia a pie de fábrica es una forma poderosa de demostrar el compromiso en la calidad con todos los miembros de la organización y proporciona una clara visibilidad de los gerentes y líderes. Las caminatas Gemba, permiten a los líderes del establecimiento comunicar mensajes claros mediante un diálogo abierto y honesto y proporcionan una indicación real del progreso hacia los comportamientos deseados en todos los niveles. Las caminatas Gemba también empoderan a los empleados de primera línea al reconocer sus contribuciones en los resultados de la empresa y al involucrarlos en la resolución de los problemas y de la mejora continua.

2.3 Responsabilidad y compromiso a todos los niveles: aceptación de la responsabilidad personal con la calidad

La responsabilidad es uno de los factores de éxito más críticos para implementar y mantener una cultura de calidad y cumplimiento. Los líderes de las empresas de fabricación de alimentos deben desarrollar, implementar y fomentar una cultura empresarial sólida centrada en la calidad y el cumplimiento, no en los costes. Con la adecuada cultura y mentalidad, el coste se reducirá porque reducirá el desperdicio, el rechazo, los reprocesos, las desviaciones de fabricación, los fallos de laboratorio, las reclamaciones, las retiradas del mercado y los problemas con las autoridades sanitarias.

Los líderes deben dar ejemplo. Los líderes de un establecimiento deben tener el control total de su empresa y no esperar la visita de los líderes corporativos para discutir los problemas. Los directores ejecutivos y directores de operaciones tampoco pueden darse el lujo de tener un liderazgo débil en el lugar de fabricación.

Tampoco se puede gestionar un lugar de fabricación de forma remota. Los líderes y gerentes deben ir a la planta, deben visitar las áreas de producción, los laboratorios de control de calidad etc, en definitiva, deben saber lo que está sucediendo.

La organización debe asegurarse que todos los empleados comprendan las expectativas en el desempeño de la calidad (consulte la sección 2.6) de su trabajo y que todos ellos rindan cuentas por ello. La rendición de cuentas significa que se están midiendo controles e indicadores para garantizar que se logren los resultados deseados. En nuestra industria altamente regulada, esto es indudablemente cierto. Las muestras de lotes de producción pasan por múltiples inspecciones y pruebas antes de ser lanzados al mercado.

Aunque las inspecciones y los análisis no crean calidad, debido a su criticidad, existen requisitos reglamentarios estrictos para los productos alimentarios. Por esta razón, nuestra industria está llena de controles altamente redundantes en forma de inspecciones y auditorías tanto de la materia prima, como de los registros de fabricación como del producto final, a fin de verificar que las actividades se realizaron y documentaron adecuadamente. Por lo tanto, se puede detectar un desempeño incorrecto y el personal responsable puede rendir cuentas y recibir retroalimentación y formación, muy a menudo en forma de sesiones de reentrenamiento ineficaces que se repiten una y otra vez.

Pero cuando se implementa una cultura de calidad adecuada, va más allá de la rendición de cuentas. Los trabajadores harán las cosas correctas no porque sean responsables ante ello, sino porque los trabajadores creen y están comprometidos con la calidad y el cumplimiento.

Las personas competentes, empoderadas y comprometidas en todos los niveles de la organización son esenciales para mejorar su capacidad de crear y dar valor. Para gestionar una organización de manera eficaz y eficiente, es necesario involucrar a todas las personas en todos los niveles y respetarlas como individuos. El reconocimiento, el empoderamiento y la mejora de la competencia facilitan la participación de las personas en el logro de los objetivos de la calidad de la organización.

La gerencia debe poder contar con todos en todos los niveles de la organización para crear y mantener la cultura de cumplimiento y calidad necesaria. La cultura más eficaz, es una cultura de rendición de cuentas y de responsabilidad. Pero en la mayoría de las organizaciones, la responsabilidad es algo que se aplica a los trabajadores cuando las cosas salen mal. Para ellos, la responsabilidad tiene más que ver con el castigo que con el empoderamiento. En una cultura de verdadera responsabilidad, la gente da un paso adelante y trabaja duro para resolver problemas y obtener resultados. Lo hacen de buena gana, no porque alguna autoridad superior les haya ordenado que lo hagan y no porque teman que no hacerlo les ocasione problemas.

Crear una cultura sólida de calidad y cumplimiento no es una opción, es una necesidad empresarial.

2.4 Intercambio de conocimientos e información

El intercambio de información y conocimientos mantiene unido a un grupo. Lo que comunicamos es un buen reflejo de nuestra cultura. Se puede decir mucho sobre la cultura de la calidad y cumplimiento que tiene una organización por su comunicación o falta de comunicación sobre el tema. Si una organización comunica acerca de la calidad y el cumplimiento y comparte información sobre el tema regularmente con sus trabajadores, entonces la calidad es probablemente una parte importante de su cultura. Si usted entra a formar parte de una organización por primera vez, y hay demostraciones visibles a través de la comunicación de que la calidad es importante, creerá que en verdad es así.

Por el contrario, incluso aunque la organización afirme que la calidad y el cumplimiento son importantes, pero no ve ninguna demostración visible de comunicación sobre el tema en reuniones, boletines informativos de la empresa, sitios web, carteles, etc., es probable que la calidad no sea realmente un elemento importante. de su cultura. Las organizaciones y los líderes tienden a hablar y comunicar lo que es realmente importante para ellos.

La comunicación es muy importante porque las palabras pueden alentar y educar. Y también pueden influir en el comportamiento. En otras palabras, la comunicación (compartir conocimientos e información) es un componente clave de un sistema de calidad basado en el comportamiento y en una cultura de la calidad y el cumplimiento.

Las organizaciones con una fuerte cultura de calidad saben y llevan el intercambio de información más allá de las meras formaciones. Comparten información a menudo y se comunican regularmente con sus trabajadores acerca de cuestiones de la calidad y el cumplimiento. Las organizaciones con una cultura de calidad sólida comparten información no solo para transmitir conocimientos e información, sino para animar a sus empleados a actuar.

Al utilizar una variedad de canales para compartir conocimientos e información, una organización fortalece la calidad y el cumplimiento como parte de su cultura. Los carteles, las consignas, los boletines informativos de la empresa son algunas formas comunes de comunicar acerca de la calidad y el cumplimiento. Pero ¿realmente son efectivos para influir en el comportamiento? Las investigaciones acerca del comportamiento indican que los mensajes genéricos sin una instrucción específica sobre el comportamiento deseado o sin una mención acerca de las consecuencias, tienen poco impacto en el objetivo de cambiar el comportamiento.

Uno de los mayores errores en la comunicación es pensar erróneamente que la información es igual a la comunicación. Informar a los empleados sobre calidad y cumplimiento es muy diferente a tener conversaciones y hablar sobre calidad y cumplimiento con ellos. Las conversaciones pueden ayudar a derribar barreras y a mejorar la comprensión.

Veamos algunas buenas razones de por qué las conversaciones acerca de calidad y cumplimiento son importantes. Primero, las conversaciones sobre calidad y cumplimiento son importantes porque aumentan la probabilidad de que se entienda el mensaje. En segundo lugar, esas conversaciones son importantes porque son participativas y no unilaterales. Al tener una conversación sobre la calidad y el cumplimiento con los trabajadores, los líderes pueden escucharlos hablar sobre temas de interés, sus preguntas y lo que opinan sobre la calidad y el cumplimiento. Finalmente, esas conversaciones son importantes porque pueden ayudar a derribar barreras y aumentar la conexión interpersonal, una parte fundamental de la configuración de la cultura de calidad. Los líderes y gerentes dentro de la organización deben hacer preguntas relacionadas con la calidad y el cumplimiento en las reuniones del departamento con todos los empleados o también durante las caminatas Gemba.

¿Cómo se puede esperar la aceptación y el apoyo de los trabajadores en un plan de acciones correctivas que se ha elaborado en respuesta a una inspección regulatoria, si la gerencia no comparte ninguna información sobre ello al personal que trabaja en la planta?

Esto también a veces sucede a nivel de consultor. La mayoría de las veces cuando te contrata una empresa para ayudarla con algún problema específico, nunca te aportan toda la información.

2.5 Toma sólida de decisiones y enfoque científico basado en sistemas para la calidad y el cumplimiento

Se logran resultados consistentes y predecibles de un modo más efectivo y eficiente, cuando las actividades se entienden y gestionan como procesos interrelacionados que funcionan como un sistema coherente.

¿Por qué tantas empresas alimentarias tienen problemas de calidad y cumplimiento? A pesar de tener definidos muchos de procesos (y muchos procedimientos operativos) sucede, porque no es suficiente tener procesos y procedimientos bien definidos, programas de formación, inspección y análisis, etc.. Aunque comúnmente nos referimos a él como un sistema de gestión de la calidad, todos esos elementos no están bien arraigados en muchas empresas. Y, por lo tanto, no están debidamente vinculados o interrelacionados. Probablemente, el mayor problema es que la gran mayoría de los SGC no están considerando todos los esfuerzos que pueden influir en el comportamiento de las personas.

Definitivamente debemos tener procesos y procedimientos bien definidos como base de nuestro SGC. Pero tener procesos y procedimientos bien definidos no es suficiente. Nos falta el factor humano: ¿cómo afecta al resultado final el comportamiento de las personas que utilizan esos procesos y procedimientos?

¿Por qué la gente no sigue los procedimientos?

¿Por qué la gente falsifica o no registra bien los datos?

En el apartado 1.9 introdujimos el concepto del "Edificio de la Calidad" y establecimos que, uno de los tres pilares básicos para sostener el SGC, son las "personas". Es posible que usted en su empresa tenga en su sistema de calidad los mejores procedimientos y procesos, pero serán inútiles si sus trabajadores no los ponen en práctica de manera consistente.

Para lograr una mejora significativa y sostenible de su SGC, deberá mejorar la cultura de calidad y cumplimiento en toda la organización. En definitiva, para mejorar la calidad del desempeño de su organización, debe modificar los comportamientos de las personas.

En nuestra industria, el SGC de una empresa de fabricación de alimentos de tamaño mediano puede incluir un número elevado de procedimientos, instrucciones de trabajo, políticas, procesos, etc. Estos números por sí solos pueden dar una idea de cuan de complejo es un SGC y de como de interactuadas son las interrelaciones entre esos procesos. Una característica crítica de un sistema es que no se puede explicar completamente simplemente analizando cada uno de sus componentes de forma aislada. Debe explicarse, entendiendo cómo cada elemento interactúa e influye en otros elementos de todo el sistema. Va más allá de una simplista relación de causa y efecto.

Puede tener los procesos del sistema de calidad mejor documentados, pero de nada servirán, son inútiles si no se ponen en práctica de manera consistente. En consecuencia, nuestro sistema debe abordar tanto la ciencia de la calidad y el cumplimiento como las dimensiones de la cultura organizacional y del comportamiento humano. Y nunca olvide que la cultura de la calidad y cumplimiento es parte de un sistema más amplio, la cultura general de la organización. Es casi imposible tener una cultura de calidad positiva y sólida si no lo es su cultura organizacional.

En nuestro entorno altamente regulado, la toma de decisiones debe basarse en el riesgo y debe tener un fundamento científico. La implementación de estrategias de gestión de riesgos es un elemento fundamental del sistema de gestión.

La gestión de riesgos es una parte integral del SGC de fabricación de alimentos. Con frecuencia, observamos acciones y estrategias específicas estudiadas y abordadas de forma aislada, como componentes individuales, no como un todo o como un sistema completo. Aunque este tipo de pensamiento lineal de causa y efecto nos ha servido en muchos casos, (por ejemplo, para solucionar un problema específico), no es del todo adecuado para abordar muchos de los desafíos a que nos enfrentamos, incluidos los relacionados con la cultura de la calidad o la adherencia de los empleados a las buenas prácticas higiénicas, al compromiso con la seguridad alimentaria y a un comportamiento esperado. Esto se debe a que estos problemas involucran múltiples componentes que están relacionados entre sí.

Solo adquiriendo una mentalidad de pensamiento sistémico, podemos desarrollar adecuadamente una cultura de calidad y cumplimiento basada en el comportamiento.

2.6 Creación de expectativas de desempeño de la calidad y el cumplimiento

Cuando se trata de conseguir el desempeño deseado de los trabajadores, normalmente el pensamiento común es que el primer paso para lograr la conformidad es brindar **la formación** adecuada a todos los empleados involucrados. Esto se aplica a todos los aspectos de nuestro SGC, ya que la formación se considera uno de los pilares básicos de dicho sistema de gestión, y el personal debe estar cualificado para realizar las operaciones que se le asignen de acuerdo con la naturaleza y el riesgo potencial de sus tareas.

En segundo lugar, debe ser **la supervisión** adecuada. Cuando se opera en un entorno de sistema de calidad y cumplimiento sólido, es importante que los gerentes verifiquen que las habilidades adquiridas con la formación se implementen en el desempeño diario. Y en nuestra industria, realizamos muchos análisis y pruebas para vigilar la calidad y la seguridad de nuestros productos.

Sin embargo, la formación, la supervisión y el control de calidad no son los primeros pasos del proceso y ciertamente no son suficientes. Lograr la excelencia en la calidad comienza antes que todo esto. Comienza con la **creación de expectativas de desempeño** de calidad y cumplimiento que sean claras, alcanzables y comprensibles para todos. Los trabajadores en todos los niveles de la organización deben saber qué se espera de ellos y qué deben hacer exactamente para lograrlo. Este es el primer paso para crear una cultura de cumplimiento y calidad basada en el comportamiento. A nivel corporativo, el paso inicial es establecer una política y unos objetivos de la calidad y cumplimiento asociados.

Política de calidad: declaración de las intenciones y dirección, emitida por el nivel más alto de la organización, relacionada con la satisfacción de las necesidades de los clientes (consumidores). Es como una dirección estratégica que comunica las expectativas de calidad que la organización se esfuerza por lograr.

Objetivos de calidad: actividades o procesos específicos medibles para cumplir con las intenciones y direcciones definidas en la política de calidad.

Conseguir que los empleados hagan lo que se supone que deben hacer

Ya mencionamos que la calidad y el cumplimiento deben ser una tarea de todos en cualquiera de nuestras empresas. La seguridad alimentaria es la primera víctima cuando los productos alimenticios tienen problemas de calidad. Bajo un SGC, si todos hacen lo que se supone que deben hacer (en otras palabras, si su desempeño es el esperado), nuestros productos deben tener un nivel de calidad y seguridad óptimo. Pero la realidad es muy diferente. Según Fournier, la razón que más frecuentemente dan los gerentes de por qué las personas no hacen lo que se supone que deben hacer en el trabajo es porque "desconocen lo que se supone que deben hacer"[13].

Si las expectativas no están claras, los trabajadores no sabrán lo que quieren que hagan. Si las expectativas son claras pero bajas, obtendrás resultados mediocres. Pero si sus expectativas son claras, altas e intransigentes, obtendrá siempre más.

Espere más que eficiencia

Todos los fabricantes de alimentos están enfocados en hacer las cosas de manera más eficiente, para tratar de reducir costes y gastos y ser más competitivos. Pero además de enfocarnos en hacer las cosas de manera más eficiente, debemos estar igualmente enfocados en hacer las cosas bien. Cuando se trata de la calidad de los productos alimenticios, como ocurre con la seguridad alimentaria, casi lo correcto o lo bastante bueno puede no ser lo suficientemente adecuado. Piense en una hamburguesa cocinada "casi" a la temperatura adecuada. Si se contaminó con *Escherichia coli* 0157:H7, el resultado puede ser nefasto[14].

[13] Fournies, Ferdinad F. 1999. *Why employees don't do what they're supposed to do and what to do about it.* New York: McGraw Hill

[14] https://www.bmj.com/content/296/6626/875 último acceso 06/04/2021

Cuando se trata de calidad y cumplimiento, es fundamental establecer expectativas de desempeño bien definidas. Sin ellas, no obtendrá constantemente las acciones, los resultados o los resultados correctos.

Actitud

Al crear expectativas de calidad y cumplimiento, el mejor lugar para comenzar, es esperar que los empleados tengan la mentalidad adecuada de calidad y cumplimiento, alineada con los principios y creencias de la organización. No puede obligar a todos los empleados de su organización a tener la actitud correcta de calidad y cumplimiento, pero seguramente puede esperarlo y modelarlo. Al establecer como expectativa que los defectos de calidad se pueden prevenir, comunique claramente a cada empleado de la organización que se espera que hagan por su parte, para hacer un producto de calidad y mantener el cumplimiento.

Vivimos en un mundo imperfecto, pero las organizaciones y las personas que siempre se esfuerzan por mejorar, son las que lo hacen con frecuencia. En general, obtendrá más de lo que tolera. Si su organización tolera una cierta desviación de buenas prácticas de documentación por lote, normalmente siempre tendrá más. Si su organización tolera que el 5% o el 10% de los trabajadores puedan no estar capacitados al tiempo de implementar una nueva versión de un procedimiento, serán siempre más, y así sucesivamente. Por otro lado, si su organización opera bajo una filosofía de tolerancia cero hacia las buenas prácticas de documentación o de la de haber finalizado una formación antes de aplicar un nuevo procedimiento, entonces esos problemas de calidad serán menos comunes y la organización se esforzará realmente por mejorar.

Es deseable que todos los trabajadores tengan una actitud adecuada sobre la calidad y el cumplimiento, porque tendrá muchas más probabilidades de efectuar las acciones y tareas correctamente. Y cada día, cada trabajador influirá en quienes lo rodean, nos demos cuenta o no. Si demuestran una actitud positiva hacia la calidad y el cumplimiento, el desempeño aumentará exponencialmente debido a su influencia positiva en quienes los rodean.

Sea específico

Las expectativas de calidad y cumplimiento deben ser claras y específicas, no genéricas. Por lo general, los lemas como "la calidad es lo primero" o "la calidad está en sus manos" pueden parecer pegadizos, pero no son muy efectivos. Porque no le están diciendo a un trabajador qué es lo que deben hacer para mantener la calidad y el cumplimiento. Y esas expectativas de desempeño deben además estar relacionadas con tareas y comportamientos específicos. Por ejemplo, si establecimos para los trabajadores de producción un "cero defectos en las buenas prácticas de documentación" para cada registro de un lote de fabricación, esta expectativa es clara, específica y está relacionada con las actividades de documentación que realizan diariamente los trabajadores implicados. Y en general, la mayoría de sus trabajadores están generalmente interesados en intentar hacer lo correcto; pero necesitan algo más que eslóganes genéricos y sofisticados. Dígale, a sus empleados en un lenguaje claro y fácil de usar, que es exactamente lo que necesitan hacer para producir productos de calidad y conformes.

Comience con las buenas prácticas de higiene y de fabricación y desarrolle expectativas basadas en riesgos

La principal fuente de expectativas de calidad y cumplimiento deben ser unas buenas prácticas de higiene y de fabricación aplicables a sus productos. Por ejemplo, muchas vienen definidas en el Reglamento (CE) nº 852/2004 general de higiene, y de los requisitos específicos por productos del anexo III del Reglamento (CE) nº 853/2004 o el Reglamento (CE) nº 2073/2005 en lo que respecta a los criterios microbiológicos. Y para productos alimenticios de origen no animal si queremos exportar nuestros productos al mercado americano, tenemos las regulaciones establecidas en 21 CFR 117 y numerosos documentos de orientación de la FDA de EE. UU.

Todos esos documentos describen una cantidad significativa de expectativas de desempeño de cumplimiento y calidad basadas en el comportamiento. Incluyen cuestiones que van desde la salud de los empleados hasta la higiene personal, pasando por diferentes requisitos al realizar determinadas actividades o registrarlas en el momento del desempeño. Sin embargo, a veces el lenguaje utilizado en las regulaciones debe desarrollarse más en nuestros procedimientos de trabajo internos. Por ejemplo, el Reglamento (CE) nº 852/2004 general de higiene para productos alimenticios establece en su Capítulo VIII bajo el epígrafe Higiene personal que "Todas las personas que trabajen en una zona de manipulación de productos alimenticios deberán mantener un elevado grado de limpieza y deberán llevar una vestimenta adecuada, limpia y, en su caso, protectora.". Será mejor que les diga a sus trabajadores en sus procedimientos que es lo que eso significa en su empresa exactamente. Si fabrica alimentos listos para el consumo y tiene periódicamente problemas de contaminación por Listeria, esta es una buena área para comenzar su investigación. La integridad de los datos es también un problema muy importante para la industria. Las autoridades reguladoras de todo el mundo publicaron recientemente documentos de orientación para describir expectativas claras que se pueden transformar fácilmente en un conjunto de expectativas de cumplimiento y calidad basadas en el comportamiento.

Al generar expectativas para el desempeño de la calidad y cumplimiento, éstas deben basarse en el riesgo. En cualquier organización, el análisis del programa de acciones correctivas y preventivas (CAPA), debe proporcionar información suficiente acerca de cuáles son los comportamientos más importantes que deben cambiarse para aumentar la calidad y el nivel de cumplimiento. Por ejemplo, en muchas empresas, una de las causas raíces más frecuentes y significativas de los incumplimientos y no conformidades es que "los empleados no siguen los procedimientos", pero esto en realidad, no es una causa raíz, es solo un síntoma de causas fundamentales (raíz) más profundas. Y este es definitivamente un comportamiento que debemos cambiar. Pero primero debe determinar el por qué los trabajadores no siguen los procedimientos.

Cuando establece expectativas de desempeño de calidad y cumplimiento, debe pensar más allá del mero cumplimiento normativo. Los estándares regulatorios generalmente se consideran un estándar mínimo. Piense en todas las cosas que sus empleados deben saber en relación con la calidad y el cumplimiento y defina claramente lo que quiere que hagan.

Escríbalo todo

Las expectativas de desempeño de calidad y cumplimiento deben documentarse, de modo que sean claras y se comuniquen de manera coherente y que además sus trabajadores las entiendan fácilmente. Las expectativas de calidad y cumplimiento (como cualquier otra expectativa) deben ser:

- Específico (claro)
- Medible
- Alcanzable
- Relevante, basado en riesgos
- Oportuna (realista)

Y finalmente, deberá proporcionar abundante educación y formación que es el siguiente paso para la creación de una cultura de calidad y cumplimiento basada en el comportamiento.

2.7 Educar y formar para influir en el comportamiento, desarrollando continuamente las habilidades y el conocimiento de las personas

En cualquier industria, cuando se quiere lograr un determinado conjunto de comportamientos de desempeño deseados (seguridad, calidad, etc.), los gerentes a menudo recurren a la formación como solución.

En una encuesta acerca de los principales problemas relacionados con la calidad y la seguridad alimentaria en los Estados Unidos, los autores encontraron que se mencionaba como el problema número uno, la deficiente formación de los trabajadores. En nuestra industria, el reentrenamiento se usa con mucha frecuencia como la principal y/o única acción correctiva para corregir incumplimientos y no conformidades. Esto es tan frecuente que, en su primer borrador de la "Guía de indicadores de calidad", la FDA de EE. UU., propuso vigilar el porcentaje de acciones correctivas que involucraron el reentrenamiento del personal como uno de los dos indicadores clave sugeridos para medir la cultura de calidad de cada empresa de fabricación. Además, la guía mencionaba que "la FDA ha observado que los sistemas de calidad menos sólidos a menudo se basan en prevenir la recurrencia únicamente a través del reentrenamiento del personal (es decir, ya se ha dado la misma formación a los empleados)".

¿Por qué estamos formando a las personas una y otra vez?

¿Por qué los empleados que han sido debidamente formados sobre cómo hacer algo, no lo hacen? ¿Por qué ocurre esto?

La respuesta es simple y clara: cambiar comportamientos no es tan simple como dar formación. Y lo que sabemos no siempre es igual a lo que hacemos. El cambio de comportamiento puede ser un proceso difícil y complejo y definitivamente es más complejo que simplemente dar (y documentar) sesiones de formación.

En un SGC, el personal debe estar cualificado para realizar las operaciones que se le asignen de acuerdo con la naturaleza y el riesgo potencial de las mismas. Los gerentes deben definir las cualificaciones apropiadas para cada puesto de trabajo para ayudar a asegurar que a las personas se les asignen las responsabilidades adecuadas. El personal también debe comprender el efecto de sus actividades sobre la calidad del producto y el consumidor.

Bajo un sistema de calidad, la formación continua es fundamental para garantizar que los empleados sigan siendo competentes tanto en sus funciones operativas como en el conocimiento de las regulaciones y normas. Una formación típica en sistemas de calidad debe abordar las políticas, procesos, procedimientos e instrucciones documentados relacionadas con las actividades operativas, el producto, el sistema de calidad y la cultura de trabajo deseada (por ejemplo, formación de equipos, comunicación, cambios, comportamientos). La formación debe enfocarse tanto en las funciones específicas laborales de los empleados, como en los requisitos regulatorios relacionados. También se espera que los gerentes establezcan programas de formación que incluyan lo siguiente:

• Evaluación de las necesidades de formación.

- Provisión de formación para satisfacer estas necesidades.

- Evaluación de la eficacia de la formación

- Documentación de la formación y/o reentrenamiento.

Bajo un sistema de calidad, la alta gerencia debe apoyar una cultura organizacional comunicativa y de resolución de problemas. Los gerentes deben fomentar la comunicación, creando un entorno que valore las sugerencias de los empleados y actúe sobre las sugerencias de mejora. La gerencia también debe desarrollar grupos multifuncionales para compartir ideas y mejorar los procedimientos y los procesos.

El personal de calidad debe tener más que nadie en la organización un conjunto amplio de habilidades y conocimientos, ya que son los responsables últimos de la correcta ejecución de las actividades de sistema de calidad y el cumplimiento.

Aunque el personal de calidad no debe asumir las responsabilidades de otras unidades de la organización, este personal debe ser seleccionado en base a su comprensión científica y técnica, al conocimiento del producto, del proceso y/o a las habilidades de evaluación de peligros y riesgos para ejecutar adecuadamente las funciones de calidad. Esta característica de los sistemas de calidad también se encuentra en las regulaciones, como por ejemplo el Reglamento (CE) nº 852/2004, que identifican cualificaciones específicas para quienes tengan a su cargo el desarrollo y mantenimiento del procedimiento mencionado en el apartado 1 del artículo 5 del presente Reglamento (los operadores de empresa alimentaria deberán crear, aplicar y mantener un procedimiento o procedimientos permanentes basados en los principios del APPCC) o la aplicación de las guías pertinentes, hayan recibido una formación adecuada en lo tocante a la aplicación de los principios del APPCC (ver § art. 5 (1) y Capítulo XII (2)).

Cuando se opera en un entorno de un sistema de calidad sólido, es esencial que los gerentes verifiquen que las habilidades adquiridas con la formación se implementen en el desempeño diario. Este concepto de verificación de la eficacia de la formación y una discusión general de los temas de formación se pueden encontrar en el Capítulo 6.

Debemos formar y capacitar a nuestros empleados para aumentar sus competencias e influir en sus comportamientos.

2.8 Desarrollar objetivos e indicadores de calidad y cumplimiento

Cada empresa debe definir indicadores clave adecuados para medir el desempeño de calidad o indicadores de calidad, así como el proceso de recolección de datos a informar, así como sus respectivos responsables. Los indicadores ayudarán a la empresa a desarrollar y mantener una cultura de calidad y cumplimiento sólida y positiva. Existen vínculos inherentes entre la cultura, el comportamiento y los principales indicadores de calidad que impulsan los comportamientos deseados centrados en el consumidor. El seguimiento y la vigilancia de los factores desencadenantes clave y el diseño de indicadores de calidad proactivos son prácticas muy recomendadas para ayudar a moldear la excelencia cultural y operacional.

Establecer metas y medir el desempeño con respecto a esas metas son componentes críticos para desarrollar una cultura de calidad basada en el comportamiento, pero para que sean efectivos deben hacerse y usarse correctamente. Las metas son efectivas porque, cuando se establecen apropiadamente, son unos antecedentes muy poderosos para el desempeño o el comportamiento deseado. Un antecedente es todo lo que precede a un comportamiento y que contiene información sobre las consecuencias del comportamiento. En consecuencia, las metas por sí solas no darán como resultado un mejor desempeño a menos que se combinen consistentemente con unas consecuencias (la Sección 2.9 discutió este tema en detalle).

Por lo general, la mayoría, si no todos, los indicadores de calidad utilizados por nuestra industria son medidas basadas en resultados (indicadores retrospectivos). Si bien estos indicadores son importantes y útiles para detectar tendencias y establecer prioridades, debemos tener claro que, para establecer y sostener una cultura de calidad fuerte y positiva, es necesario cambiar los comportamientos y para ello necesitamos indicadores adecuados.

Por otro lado, los indicadores proactivos ayudan a predecir el futuro. Definen qué acciones son necesarias para lograr metas con resultados medibles. Ellos "conducen" a cumplir con éxito los objetivos comerciales generales, como crear y mantener una cultura de cumplimiento y calidad sólida y positiva.

Es importante recordar que las inspecciones de los puntos críticos de control de los peligros significativos y de las buenas prácticas de higiene y de fabricación, así como las auditorías internas, se han utilizado históricamente para detectar a las personas que hacen cosas mal o para detectar condiciones que no cumplen con un estándar o requisito en particular. Al desarrollar un sistema de gestión basado en el comportamiento, debemos pensar de manera diferente. Debemos pensar en todo lo que hacemos, incluidas las mediciones, en términos de comportamiento humano y motivación. En otras palabras, las mediciones deben realizarse para detectar a las personas haciendo las cosas bien, no para detectar las que están haciendo las cosas mal.

Los indicadores clave de desempeño de la calidad deben medir los factores relacionados con el comportamiento humano y con la cultura de la organización que son factores críticos para el éxito de la calidad, tales como los procesos, conocimientos y comportamientos.

Medir procesos: medir los estados finales de los procesos (por ejemplo, atributos de aceptación final de un producto) no suficiente. Debemos medir y evaluar los atributos de calidad críticos para los productos en los pasos apropiados (materia prima e ingredientes recibidos, en proceso, producto final) según corresponda. Aprobar o rechazar no es suficiente; necesita saber si los resultados se logran de manera consistente. Por ejemplo, debe implementar medidas adecuadas de capacidad de proceso utilizando indicadores adecuados.

La FDA, por ejemplo, requiere que los fabricantes apliquen herramientas estadísticas de manera apropiada para asegurar que el producto y el proceso cumplan con las especificaciones de manera reproducible y continua. Las especificaciones deben ser significativas en términos de lograr las características deseadas del producto terminado. Estos datos permiten la gestión de riesgos de calidad basada en datos científicos y en el análisis de riesgo, al identificar cuándo se necesita una mejora en la fabricación.

Medir el conocimiento: formación, competencia y desempeño tal y como como se discute en la sección 6.1, no son sinónimos. La mayoría de las empresas no determinan formalmente la eficacia de los procesos de formación (consulte el Capítulo 6 en general y la Sección 6.6 en particular). Los consumidores necesitan operadores competentes que fabriquen sus alimentos, no solo trabajadores formados.

Medir el comportamiento: se dice que lo que sabemos tiene poca importancia, que lo que es importante es lo que hacemos, ¿Los trabajadores realmente hacen lo que se espera y están formados para hacer? Si medir comportamientos o actividades puede ser difícil y lleva mucho tiempo, es una actividad necesaria para determinar si se están realizando de manera consistente y correcta. Piense, por ejemplo, en la formación para un envasado aséptico, que es un conocimiento fundamental en la fabricación de conservas. Puede proporcionar formación y medir el conocimiento (a través de exámenes de test, estudios de casos, etc.) pero debe, periódicamente, presenciar las actividades para determinar si el conocimiento se traduce en un comportamiento correcto.

En el Capítulo 3 se incluye una lista de comportamientos positivos asociados a una cultura de calidad sólida y positiva.

2.9 Usar las consecuencias para aumentar o disminuir comportamientos

Las consecuencias son importantes porque aumentan o disminuyen la probabilidad de que un comportamiento vuelva o no a ocurrir. Las consecuencias conductuales son aquellas cosas y eventos que siguen a un comportamiento y cambian la probabilidad de que el comportamiento se repita en el futuro. Las consecuencias deben usarse para moldear y reforzar los comportamientos adecuados positivos en el camino hacia la calidad y el cumplimiento.

A menudo la palabra "consecuencia" se interpreta como que tiene una connotación negativa, pero las consecuencias pueden ser negativas y también positivas. Recuerde que el desempeño de la calidad y el cumplimiento es el resultado del comportamiento de las personas. Si una empresa no está experimentando mejoras en la calidad, puede ser que no esté utilizando las consecuencias de manera efectiva para gestionar el desempeño.

Desde el punto de vista de la ciencia del comportamiento, el refuerzo positivo y el refuerzo negativo son dos consecuencias del comportamiento que aumentan la probabilidad de que un comportamiento vuelva a ocurrir. Por otro lado, el castigo y la penalización son dos consecuencias conductuales que disminuyen la conducta.

Podemos simplificar la discusión llamándolos consecuencias positivas o negativas. Las consecuencias positivas son consecuencias que aumentan la probabilidad de que el comportamiento vuelva a ocurrir. Las consecuencias negativas generalmente disminuyen la probabilidad de que la conducta vuelva a suceder, alternativamente, se consideran útiles para tratar de mantener ciertas conductas deseadas por temor a recibir una consecuencia negativa.

Por ejemplo, una persona cuando conduce puede optar por cumplir con el límite de velocidad (comportamiento deseado) o no cumplir el límite de velocidad (comportamiento no deseado) por el miedo a ser multado (consecuencia negativa). Las consecuencias dadas por la dirección no ocurren naturalmente, suceden cuando se obligan por la gerencia. Requieren, por tanto, una observación, un compromiso y un seguimiento constantes por parte de la dirección. Por ejemplo, si cuando los trabajadores demuestran un determinado comportamiento y el gerente, en agradecimiento, les da una pequeña recompensa, es una consecuencia positiva creada intencionalmente.

Nuestra industria se ha centrado históricamente en crear consecuencias negativas para un desempeño de calidad deficiente. Tanto los resultados de las auditorías internas como revisiones gerenciales, o los incumplimientos de las buenas prácticas de higiene o de fabricación, todos se trasladan al conocimiento de la alta dirección. Del mismo modo, las autoridades sanitarias levantan actas y otras acciones de cumplimiento regulatorio en los establecimientos. El miedo al castigo y a las sanciones ha sido una de las principales herramientas utilizadas por las autoridades sanitarias en su intento por mejorar el cumplimiento. Sin embargo, si confiamos demasiado en las consecuencias negativas, estamos demostrando que realmente no entendemos cómo utilizar las consecuencias para impulsar un mejor desempeño.

Un entorno de trabajo impulsado por el miedo a las consecuencias negativas no es un entorno de trabajo muy agradable. Aunque las consecuencias negativas ciertamente tienen su lugar en la gestión de la calidad y el desempeño del cumplimiento, no son las únicas consecuencias que deben utilizarse.

Un equilibrio adecuado entre las consecuencias positivas y negativas, también denominado refuerzo positivo y negativo, con un mayor énfasis en las positivas, generalmente conduce a un mejor desempeño y a unos mejores resultados. Las empresas deben tener en cuenta dos preguntas básicas:

¿Qué debería la empresa reforzar positivamente?

¿Cuáles son los tipos de consecuencias positivas o de reforzamiento positivo que la empresa debería considerar?

Los comportamientos deseados específicos, como se describe en el Capítulo 3, deben ser el objetivo de un reconocimiento frecuente para reforzarlos. Este tipo de reconocimiento se considera un refuerzo *in situ*, individualizado e informal. Incluye un simple "gracias" verbal. La mayoría de los empleados aprecian sinceramente el reconocimiento verbal de sus gerentes o líderes. Otros tipos de refuerzo positivo pueden variar con muestras de agradecimiento más formales. Busque alcanzar el equilibrio adecuado entre crear consecuencias positivas y de reconocimiento por un trabajo bien hecho o realizar un esfuerzo adicional, en lugar de simplemente, reconocer a los empleados por lo que se espera que hagan.

Se deben reconocer los departamentos que muestran mejoras significativas, cumplen con los objetivos o metas establecidos, o cuyo desempeño se considera el mejor para la empresa. Como resume Michael LeBoeuf en su libro *El mayor principio de gestión del mundo* (1985), los gerentes no obtienen lo que esperan, forman, ruegan o incluso exigen. Los gerentes obtienen lo que reconocen y recompensan a través de consecuencias positivas.

Hemos revisado cómo se pueden utilizar las consecuencias positivas creadas por la dirección para aumentar la probabilidad de que se vuelvan a repetir los comportamientos deseados. Sin embargo, a veces el comportamiento que está ocurriendo no es lo deseado y queremos que se detenga. En estas situaciones, se pueden utilizar las consecuencias negativas para disminuir la probabilidad de que este comportamiento no deseado vuelva a ocurrir.

Aunque las consecuencias negativas pueden ser eficaces para influir en un cambio de comportamiento a corto plazo, existen dudas sobre su capacidad para producir un cambio de comportamiento real a largo plazo. Cuando la gerencia tiene una discusión acalorada con los trabajadores sobre contratiempos recientes y les advierte que el próximo empleado que tenga tal contratiempo será despedido, ciertamente conseguirá un cambio inmediato, pero será temporal. Y si no se corrigen las verdaderas causas raíz de esos contratiempos, volverán a ocurrir. Por otro lado, la infracción intencionada de procedimientos (piense por ejemplo en los problemas de integridad de datos) debe integrarse en el procedimiento de gestión disciplinaria que tenga establecido la empresa.

En resumen, recuerde que el cambio de comportamiento es complejo y que las consecuencias son solo un pequeño componente de una cultura integral de cumplimiento y de calidad basada en el comportamiento.

2.10 Compromiso con la resiliencia: aprender de los errores

La resiliencia es una combinación de mantener en mínimos los errores, de improvisar soluciones que mantienen el sistema en funcionamiento y de absorber el cambio mientras persiste. Se ocupa de la capacidad que tienen las organizaciones no solo para anticiparse a los errores de una manera efectiva, sino también para hacer frente y recuperarse de errores y eventos inesperados.

Una de las descripciones más comunes de una Organización de Alta Confiabilidad (HRO) es que es "resiliente". Podemos definir resiliente como:

1. La capacidad de recuperarse rápidamente de las dificultades, tenacidad.

2. La capacidad de una sustancia para volver a tomar forma; elasticidad.

La definición apunta directamente a dos características importantes de la resiliencia organizacional. Primero, las organizaciones muestran resiliencia en respuesta a una dificultad. La resiliencia es reactiva, no proactiva. Por lo tanto, no es el tipo de capacidad que se basa en un análisis cuidadoso de posibles fallos, con soluciones de mitigación preparadas para hacerles frente. De hecho, una organización resiliente generará soluciones a problemas inesperados sobre la marcha.

La segunda característica es que cuando ocurre un problema inesperado, la organización elástica (resiliente) seguirá funcionando normalmente. Continúa produciendo los resultados deseados a pesar del problema (e internaliza la solución para que una respuesta futura al problema sea aún más rápida).

Weick y Sutcliffe (2007) resumen muy claramente una organización resiliente:

En momentos de resiliencia, las condiciones varían, pero el efecto sigue siendo el mismo. Esa diferencia se encuentra en el corazón de un compromiso con la resiliencia.

El "compromiso con la resiliencia" implica que el liderazgo y la cultura de la empresa tienen la actitud adecuada ante condiciones inesperadas o fallos. Enfatiza el punto central de que las organizaciones de alta confiabilidad no son organizaciones que no experimentan fallos. Más bien, continúan generando los principales resultados de su misión a pesar de los fracasos. Para adaptarse a algo inesperado, las personas de la empresa están listas para reconocer el evento por lo que es, evitar suposiciones complacientes y negarse a simplificar demasiado antes de que se identifique una solución efectiva. Esta es una capacidad que las organizaciones comprometidas con la resiliencia desarrollarán con el tiempo.

Los empleados de organizaciones resilientes crearán respuestas innovadoras a los fallos según sea necesario, casi improvisando en tiempo real. Sin embargo, no están trabajando en un sistema no estructurado cuando hacen esto. Deben tener experiencia con respecto a la parte de la organización afectada por un evento y necesitan la confianza suficiente para actuar según lo desarrollado y con el apoyo previo de líderes y gerentes.

Probablemente en nuestra industria, la mejor área para demostrar resiliencia es en el manejo de errores humanos, con el objetivo final de reducirlos lo más (humanamente) posible. Para poder hacer esto, primero necesitamos:

1. Comprender claramente el concepto de error humano
2. Identificar los factores humanos que afectan el desempeño de sus procesos
3. Establecer barreras efectivas y acciones correctivas y preventivas relacionadas con esos factores humanos

Cuando un operador no ejecuta correctamente una etapa de la fabricación, lo etiquetamos inmediatamente como un error humano. Cuando investigamos la situación, la formación y la supervisión inadecuadas, la falta de claridad en la instrucción de trabajo y la multitarea pueden ser factores que se hallan detrás del error del trabajador. Los errores humanos son los síntomas de factores causales (humanos) asociados con las causas fundamentales (raíz) que debemos descubrir antes de resolverlos.

Los capítulos 5, 6 y 7 cubren, respectivamente, los principales factores humanos asociados al personal, a la formación y a la documentación del SGC.

Capítulo 3
Comportamientos de calidad

Este Capítulo detalla un conjunto integral de comportamientos deseados asociados con una cultura positiva, y sólida de calidad y cumplimiento que respalda los diez principios descritos en el Capítulo anterior. Estos criterios de comportamiento se describen en sus estados deseados y se presentan bajo el principio más directamente afectado por cada uno. Sin embargo, la mayoría de estos comportamientos afectan a una amplia gama de principios. Los comportamientos de calidad son:

Comportamientos observados en la organización que están asociados con una cultura de calidad sólida en áreas como el liderazgo, comunicación clara y transparente, compromiso, excelencia técnica y estandarización de los requisitos.

Principio 1 – Liderazgo en la cúspide

Los líderes y altos directivos deberían:

- Establecer valores de la empresa que incluyan la calidad y el cumplimiento
- Establecer una cultura de confianza e integridad

- Fomentar el compromiso de toda la empresa con la calidad y el cumplimiento
- Ser ejemplos positivos de mentalidad de calidad, para todas las personas de la empresa
- Ser responsable de las acciones y decisiones, particularmente de las actividades delegadas
- Asignar recursos para cumplir con las expectativas regulatorias de cumplimiento y de calidad
- Patrocinar el establecimiento de un programa de ideas para la mejora de la calidad y el cumplimiento
- Ser embajadores de la calidad y el cumplimiento dentro y fuera de la empresa

Principio 2 – Liderazgo y visibilidad clara de la gestión

Los gerentes deben:

- Facilitar la escalada de problemas
- Promover la mejora continua
- Promover la colaboración a través de toda la empresa
- Ser ejemplos positivos de mentalidad de calidad y cumplimiento para las personas de la empresa.
- Cuestionar o desafiar las actividades sin valor añadido
- Asumir la responsabilidad personal/individual para resolver problemas (adueñarse de los problemas)
- Participar en las caminatas Gemba para crear un compromiso gerencial visible y para involucrar a los trabajadores en todos los niveles de la empresa
- Hacer lo correcto cuando nadie esté mirando
- Decirle al jefe lo que necesita saber y no solo lo que quiere escuchar

- Mostrar indicadores de calidad actualizados (cifras correctas a la primera, objetivos de excelencia en defectos, rechazos, etc., cerca de cada área de producción/trabajo)
- Comunicar (ampliamente) la visión, misión y estrategia de la empresa
- Comunicar regularmente sobre temas de calidad y cumplimiento y la importancia de los mismos
- Considerar (siempre) los aspectos comerciales y de la calidad cuando haya problemas de calidad en conflicto con problemas comerciales, antes de tomar una decisión
- Brindar apoyo y formación suficientes y adecuados a los trabajadores de primera línea para ayudarlos a mejorar la calidad y el cumplimiento
- Modelar (siempre) el comportamiento deseado de "hacer lo correcto" en cuestiones de calidad y cumplimiento
- Practicar (rutinariamente) en el día a día, los comportamientos de calidad y cumplimiento deseados, por ejemplo, a través de caminatas Gemba
- Identificar (de forma rutinaria) e implementar (según corresponda) oportunidades para la mejora continua
- Realizar encuestas para evaluar la satisfacción de las personas, comunicar los resultados y tomar las acciones adecuadas
- Permitir que los empleados de todos los niveles dentro de la empresa identifiquen y comuniquen los riesgos

Principio 3 – Rendición de cuentas a todos los niveles

Todos, según corresponda, deberían:

- Poner a los consumidores por delante de todo lo demás
- Ver la calidad como una responsabilidad personal
- Revisar los problemas de calidad, incluido el personal de nivel ejecutivo y/o director general

- Proporcionar a las personas los recursos, la formación y la autoridad necesarios para actuar con responsabilidad
- Poner en práctica "la calidad y el cumplimiento es responsabilidad de todos"
- Hacer responsables a las personas y asumir la responsabilidad personal/individual
- Establecer formación sobre la conducta empresarial adecuada, incluida una buena gestión de datos, con mecanismos como líneas directas y/o correos electrónicos para promover la notificación de problemas
- Elegir líderes que ejemplifiquen los comportamientos de la cultura de calidad y cumplimiento
- Facilitar la escalada de problemas de calidad y cumplimiento
- Promover la mejora continua
- Cuestionar actividades sin valor añadido
- Hacer lo correcto cuando nadie esté mirando
- Decir lo que el jefe necesita saber, no solo lo que quiere escuchar
- Fomentar la comprensión del personal sobre su impacto individual en la calidad y el cumplimiento
- Ser capaz de explicar de forma rutinaria qué información de calidad y cumplimiento se rastrea y por qué, y delinear su papel en el logro de los objetivos de calidad
- Participar en la identificación de problemas, la resolución de problemas y las investigaciones en todos los equipos multifuncionales, incluidos los trabajadores de primera línea
- Vivir la visión, misión y estrategias de calidad y cumplimiento
- Esforzarse continuamente por reducir cualquier tipo de desperdicio en cada proceso
- Participar en proyectos de mejora, incluidos los gerentes
- Tener suficiente autoridad para tomar decisiones y sentirse confiado para hacer bien su trabajo

- Identificar problemas con regularidad e intervenir proactivamente para minimizar cualquier impacto negativo potencial en la calidad y el cumplimiento
- No tener miedo de hablar e identificar problemas de calidad, ya que creen que la gerencia actuará de acuerdo con sus sugerencias

Principio 4 – Intercambio de conocimientos e información

Todos, según corresponda, deberían:

- Escuchar activamente y participar en una comunicación bidireccional
- Fomentar el diálogo honesto
- Compartir información sobre el desempeño de la calidad y el cumplimiento con otros trabajadores y socios
- Comportarse de manera proactiva y transparente con las autoridades sanitarias
- Utilizar las caminatas Gemba como un medio facilitador para la comunicación de las prioridades/desafíos y cómo el área contribuye al éxito de la empresa
- Dar seguimiento a los problemas pendientes
- Comunicarse según sea necesario
- Gestionar la comunicación para reforzar continuamente las expectativas de calidad y cumplimiento
- Presentar temas de calidad y cumplimiento en cada reunión periódica de cada departamento
- Participación del jefe de departamento en las reuniones de revisión de la gestión
- Presentar temas de calidad y cumplimiento en cada reunión de todos los trabajadores
- Establecer un mecanismo formal para gestionar eficazmente la cadena de suministro, incluidos proveedores y clientes

Principio 5 – Toma de decisiones sólida y enfoque científico basado en sistemas para la calidad y el cumplimiento

Los líderes y gerentes deben:

- Establecer programas adecuados de conducta empresarial con mecanismos para promover la denuncia de problemas
- Gestionar el riesgo que puede afectar los resultados del proceso y los resultados generales del SGC y finalmente afectar la seguridad y eficacia de nuestros productos
- Implementar programas de mejora continua que midan el progreso (Six Sigma, Kaizen, tablas de desempeño, coste de la calidad, etc.)
- Establecer y mantener un SGC que tenga criterios claros de desempeño
- Seguir procesos de gobernanza claros y transparentes
- Realizar encuestas internas periódicas sobre la cultura de calidad de la empresa
- Establecer requisitos específicos del sitio (cuando sea necesario) y no estandarizados en toda la empresa
- Establecer/seguir un programa de gestión de riesgos y calidad preventiva
- Asegurar que la calidad del producto no se vea comprometida durante la implementación de fabricación *lean* u otros esfuerzos de mejora de procesos
- Manejo proactivo de la cadena de suministro
- Utilizar procedimientos operativos documentados para estandarizar nuestros procesos
- Medir continuamente la calidad del proceso mediante el uso de medidas de proceso
- Asegurase de que el departamento de mantenimiento se concentre en ayudar a los operadores de la maquinaria a realizar su propio mantenimiento preventivo

- Enfatizar el buen mantenimiento como estrategia clave para aumentar la calidad
- Optimizar continuamente el programa de mantenimiento basado en un análisis de fallos

Principio 6 – Crear expectativas de desempeño de calidad y cumplimiento

Los líderes y gerentes deben:

- Establecer objetivos de cumplimiento y calidad multifuncionales
- Asegurarse de que los indicadores y los objetivos de calidad y cumplimiento se diseñen y seleccionen de manera consistente para promover/motivar los comportamientos de calidad deseado
- Asegurarse de que los indicadores de calidad y cumplimiento actualizados (cifras correctas a la primera, objetivos de excelencia de cero defectos, rechazos, etc.) se publiquen regularmente y sean fácilmente visibles cerca de cada área de producción/trabajo
- Medir continuamente la calidad de los procesos mediante el uso de medidas de proceso

Principio 7 – Educar y formar para influir en el comportamiento; desarrollando continuamente las habilidades y el conocimiento de las personas

Los líderes y gerentes deben:

- Contratar a personas con la experiencia técnica adecuada para su función
- Estar ansiosos por compartir conocimientos y experiencia para resolver problemas
- Promocionar a las personas en función del desempeño y la experiencia técnica

- Facilitar la participación en conferencias y talleres técnicos externos
- Promover la aplicación de nuevas tecnologías
- Asegurar que los empleados reciban con regularidad formación que les ayude de forma eficaz a garantizar la calidad en su trabajo fomentando una cultura de aprendizaje
- Educar y formar a personas en todos los niveles
- Desarrollar expertos en las diferentes materias
- Asegurar que las personas sean competentes para desempeñar con éxito sus funciones
- Promover el establecimiento de planes de desarrollo para las personas en todos los niveles de la empresa
- Reconocer los logros
- Promover la medición de la efectividad de la formación

Principio 8 – Desarrollar metas e indicadores de calidad y cumplimiento

Los líderes y gerentes deben:

- Establecer metas y objetivos de calidad y cumplimiento vinculados y alineados con la estrategia y metas de la empresa
- Monitorear los indicadores clave en calidad y cumplimiento
- Actuar sobre las tendencias negativas
- Participar regularmente en la revisión y evaluación del rendimiento del sistema de gestión de calidad, procesos y productos

Principio 9 – Usar las consecuencias para aumentar o disminuir comportamientos

Los líderes y gerentes deben:

- Fomentar y recompensar "hablar" respecto a los problemas de calidad y cumplimiento
- Proporcionar retroalimentación y formación oportunas sobre el desempeño laboral a los empleados
- Ofrecer un reconocimiento no monetario a las personas que logran o apoyan objetivos de calidad y cumplimiento
- Ofrecer incentivos económicos vinculados al logro de objetivos de calidad y cumplimiento
- Reconocer y celebrar de forma rutinaria los logros de mejora tanto individuales como grupales en la calidad del desempeño
- Reconocer las contribuciones, el aprendizaje y la mejora de las personas
- Inspirar, alentar y reconocer la contribución de las personas

Principio 10 – Compromiso con la resiliencia: aprenda de los errores

Los líderes y gerentes deben:

- Asegurarse que no haya tendencia a señalar con el dedo y a culpar a los demás
- Reconocer rápidamente las oportunidades de mejora y los problemas
- Revisar formalmente los errores, compartirlos y aprender de ellos
- Implementar un programa de **factores humanos** destinado a comprender y minimizar las causas de los errores humanos

Capítulo 4 Indicadores de una cultura de calidad

Los indicadores clave del desempeño de la calidad y el cumplimiento deben medir los factores relacionados con el comportamiento humano y la cultura organizacional que son críticos para el éxito de la calidad, tales como los procesos y procedimientos, conocimientos y comportamientos.

Es necesario establecer una revisión periódica de la Gestión de la Cultura de la Calidad. Entre tres o cuatro reuniones al año puede ser una frecuencia apropiada para estas revisiones de cultura de calidad o excelencia cultural. El análisis de esos indicadores debe realizarse utilizando tendencias.

Si no dispone de datos históricos para establecer la línea de base para cada uno de los indicadores (que será el caso, por ejemplo, para los indicadores nuevos), se recomienda implementar el indicador (por ejemplo, despliegue del programa de Ideas de Mejora de la Calidad) y establecer su línea de base inicial utilizando los datos del primer trimestre o semestre desde su implementación. A partir de entonces, la empresa debe apuntar a una mejora realista para el próximo período. Por ejemplo, un aumento del 15% en la participación en el programa de ideas del próximo semestre.

Este capítulo analiza una amplia lista de esos indicadores divididos en tres categorías generales:

a) Compromiso del liderazgo

b) Compromiso de las personas

c) Cultura y madurez

Para cada uno de los indicadores, se proporciona una descripción junto con los objetivos recomendados. A menos que se indique lo contrario en el indicador específico, la medición debe realizarse utilizando un informe específico generado por el área/departamento responsable.
Cada métrica mide el desempeño del indicador específico durante el período bajo revisión, por ejemplo, el último trimestre o el último semestre.

Compromiso de liderato

1. Objetivos de calidad y cumplimiento establecidos para todos los trabajadores.
   El objetivo es 100%

2. Temas de calidad y cumplimiento siempre incluidos en las reuniones periódicas del departamento (frecuencia mensual recomendada).
   El objetivo es 100%

3. Comunicaciones periódicas (al menos una vez cada dos meses) a todos los empleados sobre iniciativas de calidad/temas de calidad, incluidas las reuniones de todos los empleados (al menos una vez cada semestre).
   El objetivo es 100%

4. Participación de los gerentes en auditorías internas (% de auditorías que tienen al menos un gerente como parte del equipo de auditoría).
   El objetivo es 100%

5. Participación de los gerentes en las auditorías de proveedores (% de auditorías que tienen al menos un gerente como parte del equipo de auditoría).
   El objetivo es 100%
   Nota: incluso si las auditorías de proveedores las realiza un auditor corporativo, se recomienda incluir a los gerentes del establecimiento de fabricación específico, como parte del equipo de auditoría.

6. Participación de los gerentes en proyectos de mejora (% de proyectos de mejora que tienen al menos un gerente como parte del equipo).
   El objetivo es 100%

7. Participación del jefe de cada departamento en las Reuniones de Revisión de la Gestión de la Calidad.
   El objetivo es 100%

8. Participación del jefe de departamento en las reuniones de Revisión de la Gestión de la Cultura de la Calidad.
   El objetivo es 100%

9. Participación del jefe del departamento en las caminatas GEMBA/instalaciones.
   El objetivo es que al menos el 50% de los jefes de departamento del sitio participe en cada caminata de GEMBA.

10. Cantidad de proyectos de mejora generados a partir de recorridos de GEMBA/instalaciones.
    La meta es un aumento del 20% en el número de proyectos para el próximo trimestre en comparación con la línea de base del trimestre anterior. El % de aumento debería reducirse a medida que aumenta la cantidad de proyectos.

11. Participación de líderes en foros/conferencias externas

El objetivo es que cada líder/gerente senior participe en al menos un foro/conferencia externa cada año.

Compromiso de las personas

1. Cada sitio implementa/mantiene un programa de ideas para la mejora de la calidad con dos indicadores clave:
    a. Cantidad de ideas sometidas por cada 100 empleados
    b. Cantidad de ideas sometidas por empleado por departamento

   El objetivo es tener un aumento del 20% en la cantidad de ideas en ambos indicadores en comparación con la línea de base del trimestre anterior.

2. Planes de formación cruzada.
   El objetivo es que al menos el 5% de los empleados gerenciales participen en planes de formación cruzada en cualquier momento.

3. Planes de desarrollo.
   El objetivo es desarrollar e implementar un plan de desarrollo para el 100% de los gerentes.

4. Horas de formación técnica por empleado: BPH, BPF, APPCC, calidad, cumplimiento y temas técnicos relacionados.
   La meta es un aumento del 5% trimestral en comparación con la línea de base del período anterior.

5. Asistencia de los empleados del sitio a cursos/conferencias externas (en persona o virtuales).
   La meta es un aumento del 5% trimestral en comparación con la línea de base del período anterior.

6. Certificaciones externas por cada 100 empleados.
   La meta es un aumento del 5% trimestral en comparación con la línea de base del trimestre anterior.

7. Tasa mensual de renuncias de empleados.
   El objetivo es 0%

8. Encuesta periódica (anual) de satisfacción de los empleados.
   El objetivo es realizar al menos una encuesta al año.

9. Encuesta periódica (anual) de cultura de la calidad.
   El objetivo es realizar al menos una encuesta al año.

10. Sección de reconocimiento de empleados incluida en las reuniones periódicas del departamento.
    El objetivo es que el 100% de las reuniones incluyan esta sección de reconocimiento.

11. Sección de reconocimiento de empleados incluida en las reuniones periódicas de todos los empleados.
    El objetivo es que el 100% de las reuniones de todos los empleados incluyan esta sección de reconocimiento.

Cultura y madurez

1. Nivel de calificaciones (grados académicos, licenciatura, doctorado) por cada 100 empleados.
   Para el objetivo, recomendamos establecer la línea de base en función de la situación actual (por ejemplo, el 12% de los empleados actuales del sitio tienen al menos una licenciatura) y luego establecer una meta de mejora realista durante el próximo período.

2. Tasa de mano de obra indirecta del departamento de garantía de calidad: número de empleados a tiempo completo del departamento de garantía de calidad/total de empleados a tiempo completo del sitio.
   Para el objetivo, recomendamos establecer la línea de base en función de la situación actual y luego establecer un objetivo de mejora realista durante el próximo período.

3. Cobertura de formación: 100% del personal afectado capacitado antes de la implementación de un documento de implantación de calidad revisado.
   La meta es que el 100% de los documentos de calidad actualizados se implementen después de que el 100% del personal afectado haya sido formado.

4. Tasa de seguimiento de la efectividad de la formación.
   El objetivo es que el 100% de la formación incluya un mecanismo de verificación de la efectividad de la formación.

5. Tasa de CAPA de reentrenamiento: Qué porcentaje de acciones correctivas involucraron el reentrenamiento del personal.
   El objetivo es 0%
   Nota: Como la meta ideal probablemente no sea realista, sugerimos establecer una línea de base durante un trimestre y luego establecer una meta de reducción de % realista para el próximo período.

6. Revisión de la evaluación de necesidades de formación (ENF) para cada puesto/función.
   El objetivo es que el 100% de las ENF tengan menos de 1 año desde la última revisión.

7. Tasa de investigaciones de errores humanos.
   El objetivo es 0%
   Nota: Como la meta ideal probablemente no sea realista, sugerimos establecer una línea de base durante un trimestre y luego establecer una meta de reducción realista para el próximo período.

8. Establecer y mantener un programa de Factor Humano en el sitio.

9. Revisión periódica anual de la descripción del puesto.
   El objetivo es que el 100% de la descripción de los puestos de trabajo tenga menos de 1 año desde la última revisión.

10. Establecer y mantener un índice de capacidad de proceso para cada atributo de calidad crítico (CQA).
    El objetivo es que el 100% de CQA tenga un índice de capacidad de proceso actualizado.

11. Implementar la Verificación Continuada del Proceso (VCP), según corresponda, para:
    a. Atributos críticos de calidad de los productos terminados
    b. Atributos de calidad importantes de entrada y en proceso

    El objetivo es mantener el 100% de los CPV requeridos.

12. Calificación de equipo/área a tiempo.
    El objetivo es 100% según la programación del sitio.

13. Validación (proceso, limpieza, validación del sistema informático, etc.) a tiempo.
    El objetivo es 100% para cada tipo de validación según la programación del sitio

14. Tasa de medición de la efectividad para cada CAPA.
    El objetivo es que el 100% de los planes CAPA tengan una medición formal y documentada de su efectividad.

15. Tasa de efectividad de los planes CAPA.
    El objetivo es el 100% de las acciones declaradas como efectivas.

16. Relación entre la cantidad de acciones preventivas y correctivas.
    El objetivo es tener una proporción mayor o igual a 1.

17. Planes de gestión de riesgos para todos los procesos clave desarrollados, implementados y actualizados, al menos, anualmente.
    El objetivo es 100%

18. Establecer y mantener un programa de auditoría interna eficaz basado en riesgos.
    El objetivo es el 100% de las auditorías internas realizadas según el cronograma aprobado.

19. Establecer y mantener un programa de certificación de proveedores basado en riesgos.
    El objetivo es que el 100% de las auditorías de proveedores se realicen según el cronograma aprobado.

20. Calibración de equipos a tiempo.
    El objetivo es 100% según la programación del sitio.

21. Mantenimiento preventivo a tiempo.
    El objetivo es 100% según la programación del sitio.

22. Tablas de indicadores de calidad que se actualizan con frecuencia.
    El objetivo es que el 100% se actualicen al menos cada semana.

23. Implementación de programas de refuerzo (mentoría, *coaching*).
    Para la meta, recomendamos establecer la línea de base basada en la situación actual (porcentaje de empleados actualmente involucrados en estos programas) y luego establecer una meta de mejora realista durante el próximo período.

Capítulo 5
Los pilares: las personas

Las personas son el elemento más importante de cualquier empresa, pero al mismo tiempo, son el eslabón más vulnerable y débil del sistema. La calidad se persigue de muchas maneras, desde enfoques informales hasta un nivel empresarial sistemático que opera por ejemplo bajo una certificación ISO 9001:2015 u otras normas. Pero, aunque sea bajo un enfoque más o menos informal, un desafío común es la dificultad de estimular y alentar a las personas a participar en esos acuerdos y enfoques dentro del contexto de su cultura, valores laborales tradicionales, percepciones y prácticas.

5.1 Compromiso con las personas

En un contexto más general, lo que conocemos como el "compromiso de las personas" es el compromiso emocional que tienen las personas con una organización y sus objetivos. Este compromiso emocional significa que son las personas "comprometidas" las que se preocupan por su trabajo y su organización. No trabajan solo por una nómina, o para una promoción o mejora laboral, sino que trabajan para lograr los objetivos de la organización. Si consideramos este compromiso con respecto a la calidad, es además una extensión de un compromiso emocional.

Una cultura de calidad fuerte y positiva, donde las personas estén de acuerdo y se preocupen profundamente por los valores de la organización, puede mejorar el desempeño de la organización, motivar a las personas y coordinar sus comportamientos hacia una visión y metas específicas de desempeño.

El compromiso con la calidad y el SGC tiene muchas facetas. Sin una alineación genuina, la calidad sigue siendo un componente desconectado de la organización. La alineación transforma esta situación y muestra el valor de alto nivel que se puede aportar.

El compromiso con los que se encuentran en la primera línea laboral también es clave. Las acciones a ese nivel deberían servir para proporcionar mucha más relevancia de las actividades de los trabajadores y los requisitos del sistema de gestión de la calidad. Muchos desafíos que implican la participación de las personas surgen precisamente por esa falta de relevancia.

Como se establece en la Norma Internacional ISO 10018 *Gestión de la calidad - Orientación para la participación de las personas*, una organización puede beneficiarse de la contribución al desarrollo de la visión y estrategia si tiene en cuenta una amplia gama de personas, y no solo personas de la alta dirección y gestión. Los beneficios claros que conlleva el compromiso de las personas con la dirección estratégica de la organización y el éxito en general de la organización, incluyen:

a) mayor participación y contribución del personal de la organización

b) mayor claridad para el personal en la comprensión de sus roles individuales y en la implementación de la estrategia

c) mejora en la competencia de las personas

d) lograr la visión y la estrategia de la organización

e) rendimiento mejorado

f) mayor compromiso

g) mayores niveles de satisfacción de clientes y trabajadores

h) productividad mejorada

5.2 Supervisión eficaz

Hoy en día, muchas organizaciones están estructuradas para llevar a cabo una supervisión insuficiente de los trabajos. La supervisión puede y normalmente juega un papel clave en los procesos de selección de un trabajador que es adecuado para un trabajo, en la programación de los trabajadores para que coincidan con las tareas requeridas para el día/semana y, en general, supervisando la ejecución de las tareas a fin de garantizar que se sigan las políticas y los procedimientos de la empresa. Sin embargo, los supervisores no siempre están capacitados en todas sus funciones clave para poder servir de apoyo en el control de los factores humanos, como por ejemplo en la detección de problemas en los trabajadores relacionados con la aptitud para el trabajo o la fatiga, por mencionar solo algunos ejemplos.

Proporcionar un nivel efectivo de supervisión es fundamental para conseguir operaciones confiables en las industrias alimentarias. La supervisión puede considerarse una función de gestión, un control en la organización para gestionar el desempeño y la calidad del trabajo. Las personas que realizan funciones de supervisión necesitan competencias técnicas y no técnicas adecuadas para desempeñar su trabajo de una manera eficaz. Sin embargo, a menudo no están suficientemente preparados para este papel tan crítico, especialmente en todos aquellos aspectos que no son técnicos.

La supervisión implica controlar, influir y liderar a un grupo de personas, para garantizar que las actividades se realicen correctamente, y de un modo eficaz y eficiente.

Además de la falta de competencias no técnicas (que influyen en la forma en que un supervisor desempeña su papel), uno de los mayores problemas, es dónde los supervisores realizan su función. En el actual entorno industrial, los supervisores pasan la mayor parte de su tiempo alejados de las líneas de producción o de los lugares de trabajo. Generalmente el día a día lo pasan en reuniones de planificación de las actividades de producción, atendiendo auditorías de clientes y certificadoras o discutiendo temas relacionados con recursos humanos, esta es la norma para la mayoría de los supervisores. Pero los supervisores deben estar en la primera línea de trabajo, controlando, influyendo y dirigiendo directamente al equipo. El verbo "supervisar" originó en el latín medieval *supervisus*, participio pasado de *supervidēre*, del latín *super-* + *vidēre* (ver). Por lo tanto, la definición original de la función incluye la necesidad de contacto físico entre el supervisor y los supervisados. Y cuando los supervisores están lejos de los lugares de trabajo, no pueden supervisar de una manera eficaz.

Anteriormente, mencionamos que para ser un supervisor o un líder de un equipo eficaz, son necesarias unas competencias técnicas y no técnicas. Por lo general, en las industrias, los supervisores se desarrollan y promueven desde dentro de la empresa por lo que suelen tener la experiencia y el conocimiento técnico necesarios. Sin embargo, muy a menudo carecen de muchas de las competencias (conductas) no técnicas necesarias para convertirse en un supervisor de éxito. En la Tabla 5.1 se muestran algunos ejemplos de competencias no técnicas que son requeridas para supervisores eficientes.

Tabla 5.1 Ejemplos de competencias no técnicas de supervisión

Competencia supervisora	**Ejemplos de Comportamientos**
Garantiza el cumplimiento	• Positivo: supervisa el desempeño y verifica el cumplimiento. Enfatiza la calidad y la seguridad sobre los incentivos y el calendario de producción. Da ejemplo y explica al equipo que se espera y se requiere del cumplimiento en todo momento. • Negativo: Da un mal ejemplo al romper las reglas o procedimientos, tomar atajos, etc.

Anima al equipo	• Positivo: busca las ideas del equipo para mejorar la calidad. Actúa sobre las preocupaciones o ideas en referencia a la calidad y el cumplimiento para mejorar. Gestiona y permite el desarrollo del equipo. • Negativo: ignora las ideas de mejora del equipo o la preocupación por la calidad o la seguridad.
Involucra al equipo	• Positivo: apoya y fomenta actividades de calidad. Ayuda al equipo a aprender de los incidentes. Inicia un debate sobre como implementar mejoras en el rendimiento. • Negativo: se centra en acciones punitivas en respuesta a errores humanos; impone objetivos de producción.

5.3 Dotación adecuada de personal

Una organización que dispone de personal adecuado, asegura que el personal cuenta con las cualificaciones adecuadas necesarias para las actividades planificadas y no planificadas previsibles. La dotación de personal es un proceso dinámico en el que la dirección de una empresa supervisa el desempeño del personal para garantizar que se cumplan o superen los objetivos generales de desempeño de la organización. El resultado de un proceso de dotación de personal eficaz es un equilibrio entre los costes de personal y el logro de los objetivos de la organización. Los problemas con la dotación de personal pueden incluir:

- Selección del personal adecuado para un trabajo
- Evitar la sobrecarga de personal

- Personal rotativo en aquellas tareas que requieren una alta concentración, para cuestiones críticas relacionadas con la calidad y el cumplimiento.

Cada organización, requiere la cantidad y el tipo de personal con una experiencia adecuada, si quiere operar de manera competente en una gran variedad de condiciones. El término experiencia en general, incluye atributos como talento, efectividad, conocimiento, habilidades y experiencia necesarias para operar y mantener los sistemas, estructuras y componentes de la industria.

La dotación de personal se preocupa por tener la cantidad y el tipo de personal óptimos para trabajar de manera consistente bajo en el estándar requerido y obviamente está intrínsecamente ligado a la carga de trabajo. La carga de trabajo se relaciona con la demanda total impuesta a una persona mientras realiza una tarea. Se refiere tanto a la cantidad de trabajo como a la calidad o complejidad del trabajo. Existe un claro consenso de que tanto las cargas de trabajo excesivas como las muy bajas conducen a errores humanos. En el primer caso, el trabajador se siente abrumado por el trabajo. En el segundo caso, los trabajadores desconectarán mentalmente del proceso y serán menos efectivos.

Las cuestiones sobre la carga de trabajo es uno de los temas más comunes y controvertidos en cuanto a los factores humanos debido a su relación con el número de trabajadores. Cuando se pregunta a los trabajadores acerca de esto, generalmente afirmarán que están sobrecargados de trabajo, mientras que si trasladamos esa pregunta a la dirección/gerencia, dirá que hay demasiado tiempo improductivo de inactividad. El número adecuado de trabajadores es aquel que proporciona los recursos adecuados para realizar las tareas necesarias, y esas tareas se distribuyen de manera que cada trabajador se mantenga cerca de un nivel de estrés óptimo. La carga de trabajo ideal debería ser lo suficientemente desafiante como para mantener la atención y el interés del trabajador sin sobrecargarlo.

La dotación de personal y la adecuada carga de trabajo son factores críticos para lograr un desempeño seguro y eficaz. Estos factores pueden fácilmente pasarse por alto cuando se reduce personal, dando como resultado situaciones en las que el personal restante tiene que trabajar más, más rápido o durante más tiempo y probablemente tome determinados "atajos" para compensar. Esto provocará, además del retraso de algunas tareas (o simplemente que queden sin realizar), que aumenten las tasas de error.

Los reguladores consideran que la dotación de personal es un tema crítico en la producción de alimentos seguros. Por ejemplo, el Reglamento (UE) 2021/382 de 3 de marzo de 2021, por el que se modifican los anexos del Reglamento (CE) nº 852/2004 del Parlamento Europeo y del Consejo, relativo a la higiene de los productos alimenticios exige según el Capítulo XI *bis* (1).(e) "disponibilidad de recursos suficientes para garantizar la manipulación segura e higiénica de los alimentos".

Es importante reconocer que la carga de trabajo no mantiene una relación lineal simple con el desempeño. Tanto una baja carga de trabajo sostenida como, una alta carga laboral, pueden afectar negativamente al rendimiento, tal y como explica la ley de Yerkes-Dodson, que establece que existe una relación empírica entre la presión y el rendimiento[15]. La ley fue desarrollada originalmente por los psicólogos Robert M. Yerkes y John Dillingham Dodson en 1908 y establece que el rendimiento aumenta con la presión fisiológica o mental, pero solo hasta cierto punto. Cuando los niveles de presión se vuelven demasiado altos, el rendimiento disminuye. El proceso a menudo se ilustra gráficamente como una curva en forma de campana que aumenta y luego disminuye conforme a los niveles más altos de presión.

Sin suficiente presión, entre otros efectos indeseables, un trabajador puede aburrirse, desmotivarse, frustrarse y perder conciencia de la situación o del estado de alerta que requieren determinadas actividades. Pero, por otro lado, si actúa bajo demasiada presión, el trabajador se sentirá ansioso, fatigado o emocionalmente agotado. Ambas situaciones se consideran estados de estrés, y aumentan la probabilidad de error. El ajuste de la carga de trabajo es una actividad compleja que suelen realizar los expertos en factores humanos en campos tan importantes y críticos como por ejemplo en el control del tráfico aéreo.

[15] https://hbr.org/2016/04/are-you-too-stressed-to-be-productive-or-not-stressed-enough, último acceso 06/04/2021

Muchos de los errores humanos y otros problemas frecuentes que suceden en las industrias pueden estar, de una forma u otra, relacionados con la carga de trabajo y con los problemas de personal. Las posibles soluciones a estos problemas incluyen mejoras en las siguientes áreas:

- Área de trabajo
- Asignación de funciones
- Ambiente de trabajo
- Equipo de trabajo
- Diseño de tareas
- Asignación de recursos
- Selección de personal
- Habilidad, conocimiento y experiencia

Uno de los aspectos más importantes que influyen en la condición física y mental de una persona, es el grado en que los trabajadores pueden recuperarse de la fatiga y el estrés laboral. Las pausas laborales pueden ser potencialmente disruptivas para el flujo de trabajo e impactar en la finalización de una tarea, sin embargo, estos descansos pueden tener múltiples consecuencias positivas, tales como:

- Estimulación para la persona que realiza un trabajo rutinario o aburrido.
- Oportunidades para participar en actividades que son esenciales para el bienestar emocional.

- Satisfacción laboral sostenida.
- Productividad.
- Tiempo para que el subconsciente procese problemas complejos que requieren creatividad.

Además, las pausas laborales establecidas de manera regular, parecen ser una forma eficaz de controlar la acumulación de riesgo durante el turno de trabajo industrial. Un estudio de 2006 de Folkard y Lombardi[16] mostró el impacto de las pausas laborales frecuentes en diferentes sistemas de turnos laborales. Los resultados de estos estudios confirman que las pausas, incluso durante un período corto de tiempo, se reflejan positivamente desde el punto de vista físico y psíquico sobre el trabajo del operador. El diseño adecuado de un horario de trabajo/descanso que incluya la frecuencia, la duración y el horario de los descansos puede ser eficaz para mejorar la comodidad, la salud y la productividad de los trabajadores. Desafortunadamente, a menudo en la mayoría de las industrias, las pausas laborales no es algo que se tome en consideración.

5.4 Gestión de competencias y desarrollo de personal

Las personas son esenciales para las organizaciones y el desempeño de una organización depende de cómo se utilicen en el trabajo las competencias de las personas. La gestión de competencias y el desarrollo de personas tanto a nivel organizacional, de equipo, de grupo o individual son necesarios para que las organizaciones tengan éxito.

La gestión de competencias y el desarrollo de las personas están claramente vinculados, así el desarrollo de las personas es parte de la gestión

[16] Folkard, Simon, and David A. Lombardi. 2006. Modelling the impact of the components of long work hours on injuries and "accidents". *American Journal of Industrial Medicine*, 49, 953–963

de competencias y las personas competentes requieren desarrollo. Estos dos conceptos están interrelacionados y, en muchos sentidos, son inseparables.

La competencia del personal se define como la capacidad para realizar las tareas de acuerdo a las expectativas. En otras palabras, la competencia es la capacidad de un individuo para hacer un trabajo correctamente, o lo que las personas necesitan para tener éxito en su trabajo. Las competencias laborales no son lo mismo que las tareas laborales.

La norma ISO 10015:2019 estableció lo siguiente para la gestión de competencias y el desarrollo de personas:

5.1 General

Las necesidades de competencia organizativa pueden satisfacerse desarrollando la competencia de equipos, grupos e individuos. Las necesidades identificadas de competencia deben estar relacionadas con el desarrollo de las personas. Deben identificarse y planificarse deficiencias tales como los requisitos futuros previsibles de competencia.

El desarrollo de las personas debe estar relacionado con:

a) las necesidades de determinadas competencias para lograr la competencia en la organización en todos los niveles

b) las necesidades de determinadas competencias de los individuos como parte de sus objetivos de desarrollo personal

El desarrollo de actividades a nivel individual puede incluir:

a) programas de aprendizaje individuales

b) tutoría, coaching y supervisión

c) planes de desarrollo personal

d) estudio formal para las cualificaciones

e) asistir a conferencias y seminarios externos

f) formación en el rol o función, tanto presencial como online

g) eventos de *networking*

Determinar la futura competencia y las necesidades de desarrollo de las personas.

La organización debería determinar las necesidades futuras de desarrollo de competencias y personas basándose en:

a) cambios demográficos, económicos, políticos o sociales

b) la misión, visión, valores y cultura de la organización

c) la introducción planificada de nuevos productos o servicios

d) cambios en los requisitos reglamentarios y estatutarios

e) conocimiento emergente

f) investigación de mercado que determina o anticipa requisitos, necesidades y expectativas nuevos o cambiantes

g) avances tecnológicos

h) cambios en las necesidades y expectativas de las partes interesadas

Las organizaciones cuyas personas están comprometidas, desempeñan mejor el trabajo que las organizaciones cuyas personas no están comprometidas. Cuando los empleados están comprometidos con el trabajo, sienten una conexión con la organización. Creen que el trabajo que están haciendo es importante y, por lo tanto, trabajan de una manera más eficaz.

El Capítulo 6 analiza el concepto de competencia en relación con la formación y el rendimiento.

5.5 Participación en el lugar del trabajo: motivación

La atención y la motivación a menudo se identifican como causas de error humano. La "falta de atención a los detalles" se cita con frecuencia como una causa raíz o factor causal en las investigaciones de errores humanos. La evidencia que apoya esta conclusión es a menudo débil y es muy difícil determinar el papel que ha jugado la falta de atención o motivación en un error humano.

La atención y la motivación son estados internos que no se pueden medir directamente. Durante la investigación de un evento, no se pueden obtener medidas objetivas de atención o motivación en tiempo real porque la investigación ocurre necesariamente después de que haya sucedido el hecho. Como resultado, el investigador debe confiar en auto informes e inferencias, que están sujetos a sesgos e inexactitudes.

La atención, a veces llamada tiempo de trabajo consciente, es limitada. Si se requiere mucha atención sobre una cosa específica, es necesario apartarla de otras preocupaciones que puedan estar en competencia. Es debido a que solo podemos atender a una proporción muy pequeña de los datos sensoriales disponibles, pero hay asuntos no relacionados que también pueden captar nuestra atención. Además, es importante señalar que el tiempo promedio de atención del ser humano, es difícil de mantener durante más de unos pocos segundos. El conocido trastorno por déficit de atención con hiperactividad (TDAH), que es uno de los trastornos infantiles más comunes y que puede continuar durante la adolescencia y la edad adulta, incluye síntomas como dificultad para mantenerse concentrado y prestar atención y dificultad para controlar el comportamiento e hiperactividad.

El porcentaje de niños que se estima que tienen TDAH en España ha cambiado con el tiempo y puede variar según la forma en que se mida. La Federación Española de Asociaciones de Ayuda al déficit de Atención e hiperactividad (FEAADAH) establece que el Trastorno por Déficit de Atención e Hiperactividad (TDAH) es una patología psiquiátrica que padece entre un 2 y un 5% de la población infantil y se estima que más del 80% de los niños continuarán presentando problemas en la adolescencia, y entre el

30-65%, en la edad adulta. Considerando estas cifras, y estadísticamente hablando, cada empresa de fabricación debería tener una parte de trabajadores con TDAH.

Atribuir accidentes e incidentes de calidad a la falta de atención, actitudes o motivaciones de los trabajadores es una práctica común. En ausencia de alguna evidencia contundente de que algunas características del ambiente de trabajo hayan afectado a las acciones que realizan los trabajadores, los investigadores recurren a una explicación ya "predeterminada" y concluyen diciendo que los trabajadores no estaban prestando atención o carecían de motivación para realizar su trabajo correctamente. Y normalmente nunca nos hacemos la siguiente pregunta: ¿Por qué el trabajador no prestó atención?

Muchos programas, políticas y prácticas de la empresa tienen como objetivo reducir los errores asociados con la falta de atención y motivación. Algunos programas, como los programas de ingeniería de factores humanos, se enfocan directamente en estas posibles causas que pueden influir como causa de aparición de un error. Otros, pueden afectar indirectamente durante el desempeño de la tarea, en la atención y motivación. Los factores o programas de la empresa que pueden estar implicados en errores causados por problemas de falta de atención o motivación incluyen:

- Diseño deficiente o inadecuado de control o mitigación de los factores humanos.
- Falta de procedimientos precisos y de fácil acceso.
- Proceso de evaluación del desempeño/recursos humanos.
- Debilidad en la supervisión.
- Debilidad en los programas de identificación y resolución de problemas.
- Falta de atención a las preocupaciones de los trabajadores.

En esta sección también debemos discutir el concepto de error humano motivacional, que es una forma de error organizacional. Lo discutiremos usando los siguientes dos ejemplos:

Para motivar a los empleados, algunas organizaciones adoptan programas de incentivos en los que se otorgan incentivos monetarios con la intención de promover los resultados de desempeño deseados. Cuando el incentivo es alto, puede servir para motivar un comportamiento poco ético e incluso ilegal. Los incentivos elevados fomentan el interés propio frente al interés de la empresa y puede promover comportamientos arriesgados que afectarán la calidad y el cumplimiento e incluso a la seguridad de los procesos. Por otro lado, los incentivos que son "razonables" motivan un comportamiento que es competitivo y aceptable, mientras que los incentivos irrazonablemente bajos generalmente no logran ninguna mejora porque los trabajadores no están motivados.

En el segundo ejemplo, al que llamamos errores de "liderazgo", surgen cuando gerentes entusiastas promueven objetivos específicos (la mayoría de las veces, relacionados con cifras de producción) e intentan alentar o influir en el colectivo mediante charlas motivacionales, como con discursos acerca de lo que es necesario, principalmente para conseguir aumentar los objetivos de producción a fin de año, y que probablemente estén vinculados a bonificaciones de su gestión. Conocemos algunos casos en diferentes empresas donde el mensaje se transmitió con tanta eficacia que algunos operadores y supervisores lo tomaron literalmente. Aumentaron los objetivos de aumentar la producción, pero en consecuencia hubo un gran aumento de desviaciones de fabricación y de investigaciones de fallos relacionadas con el "procedimiento no seguido" y/o el "error humano". Nuestra única sugerencia para los gerentes, es que sean igualmente enfáticos, intensos y emocionales al hablar sobre el cumplimiento y la calidad del trabajo, lo que incluye siempre seguir los procedimientos y reglas del control de puntos críticos, buenas prácticas de higiene y buenas prácticas de fabricación y las buenas prácticas de documentación (integridad de datos), entre otros.

El compromiso de los trabajadores viene determinado por factores como la claridad en los roles, tener la oportunidad de hacer lo que mejor se sabe hacer, oportunidad de desarrollarse, relaciones sólidas con los compañeros de trabajo y una misión o un propósito común. Y lo que es más importante, todos estos, son factores sobre los que los líderes y gerentes pueden influir directamente.

Jim Clifton y Jim Harter en su libro *It's the Manager*[17], publicaron datos combinados de nueve meta-análisis de las dos últimas décadas respecto a la relación entre el compromiso del equipo (motivación) y el desempeño. Se combinan en los siguientes 12 elementos de participación:

1. Sé lo que se espera de mí en el trabajo
2. Tengo los materiales y el equipo que necesito para hacer bien mi trabajo
3. En el trabajo, tengo la oportunidad de hacer lo que mejor hago todos los días
4. En los últimos siete días, he recibido reconocimiento o elogio por hacer un buen trabajo
5. Mi supervisor, o alguien en el trabajo, parece preocuparse por mí como persona
6. Hay alguien en el trabajo que fomenta mi desarrollo
7. En el trabajo, mis opiniones parecen contar
8. La misión o el propósito de mi empresa me hace sentir que mi trabajo es importante

[17] Clifton, Jim and Jim Harter. 2019. *It's the Manager*. New York: Gallup Press

9. Mis compañeros de trabajo se comprometen a realizar un trabajo de calidad

10. Tengo un buen amigo en el trabajo

11. En los últimos seis meses, alguien en el trabajo me habló sobre mi progreso

12. En el último año, tuve oportunidades para aprender y crecer en el trabajo

Capítulo 6
Los pilares: formación

Los principios de gestión de la calidad que subyacen en la familia de normas ISO 9000 (de la que también forman parte la familia de normas ISO 10001 a ISO 10019), enfatizan la importancia de contar con personas competentes y con tener una cultura que fomente el crecimiento y el desarrollo a largo plazo.

Este capítulo proporciona una guía de ayuda para las organizaciones y su personal, cuando tratan de abordar cuestiones relacionadas con la gestión de competencias y el desarrollo de las personas. Puede aplicarse siempre que se quiera una orientación para interpretar referencias respecto a personas competentes/desarrolladas, dentro del contexto de un SGC o cualquier otro estándar de sistemas de gestión, por ejemplo, gestión de riesgos o gestión ambiental.

6.1 Formación, competencia y desempeño

La competencia tiene que ver con la capacidad de cumplir con las responsabilidades del rol y el desempeño laboral de un modo consistente según un estándar específico. Cumplir con el estándar de competencia requiere la formación y el desarrollo de los conocimientos, habilidades y actitudes requeridas.

La formación eficaz y el desarrollo de conocimientos son esenciales para lograr un rendimiento eficaz. La formación proporciona habilidades y/o el conocimiento para realizar adecuadamente un trabajo. El personal debe estar cualificado para realizar las operaciones que se le asignen de acuerdo con la naturaleza y al riesgo potencial de esas actividades operativas. Por otro lado, los gerentes deben definir cuáles son las cualificaciones apropiadas para cada puesto laboral con el fin de garantizar que a las personas se les asignen las responsabilidades adecuadas. Los trabajadores también deben comprender qué efecto tienen sus actividades o sus tareas sobre el producto y el cliente. La descripción de puestos de trabajo para ejecutar apropiadamente ciertas funciones y tareas, deben incluir requisitos tales como conocimiento científico y técnico, conocimiento de procesos y productos, y/o habilidades en la evaluación de riesgos.

La formación juega un papel clave en la reducción de errores. Los trabajadores con una buena formación, cuyas habilidades y conocimiento sean apropiados para desempeñar la tarea en cuestión, cometerán menos errores que los trabajadores no formados. Existe una diferencia entre la adquisición de habilidades y el mantenimiento de habilidades. Los trabajadores inicialmente se capacitarán para un determinado nivel de habilidad requerido, después de lo cual se supone que conservarán estas habilidades. Pero, eso probablemente sea solo cierto para aquellas habilidades que se ejercitan todo el tiempo, pero no para las que se usan con poca frecuencia.

Si se requiere que los trabajadores ejerzan habilidades importantes o críticas a intervalos de tiempo más espaciados, se puede esperar que se consiga una importante reducción en el error humano, si se implementa un buen programa de mantenimiento de habilidades. Un ejemplo de esto sería el programa obligatorio de reentrenamiento en simuladores, al que han de someterse periódicamente los pilotos de líneas aéreas, para así garantizar que mantienen la capacidad para hacer frente a las posibles emergencias e imprevistos.

La competencia del personal se define como la capacidad para realizar tareas de acuerdo con las expectativas. En otras palabras, la competencia es la capacidad de un individuo para hacer un trabajo correctamente, o lo que las personas necesitan para tener éxito en su trabajo. El concepto de competencia incluye todos los conocimientos, habilidades y atributos relacionados con el trabajo de una persona. Este conjunto de cualidades específicas en un contexto, se correlaciona con un desempeño laboral superior y puede usarse como un estándar contra el cual medir el desempeño laboral así como también para promover el desarrollo o para contratar a nuevos empleados.

El desarrollo de la competencia es parte del diseño organizacional y es fundamental para el desempeño. Ofrecer la formación adecuada y desarrollar las competencias requeridas (técnicas y no técnicas) tiene una influencia directa en la fiabilidad del desempeño humano.

La competencia es mucho más que la formación. Implica educación, cualificaciones, formación, habilidades, conocimientos técnicos, experiencia, capacidades físicas y mentales, comprensión, comportamiento y unas actitudes adecuadas.

La formación continua es fundamental para garantizar que los trabajadores sigan siendo competentes en sus funciones laborales. Una formación típica debe cubrir las políticas, los procesos, los procedimientos y las instrucciones relacionadas con las actividades operativas, el producto, el sistema de calidad y la cultura de trabajo deseada. Debe centrarse tanto en las funciones laborales específicas de los trabajadores como en los requisitos reglamentarios relacionados. En general es deseable que los gerentes establezcan programas de formación que incluyan lo siguiente:

- Evaluación de las necesidades de formación.
- Provisión de formación para satisfacer estas necesidades.
- Evaluación de la eficacia de la formación.
- Documentación de formación y/o reciclaje.

Cuando se opera en un entorno de sistema de calidad sólido, es importante que los gerentes verifiquen que las habilidades adquiridas en la formación, se apliquen durante el desempeño del trabajo diario.

En el caso de la norma internacional ISO 9001: 2015 *Sistemas de gestión de la calidad — Requisitos*, hay una cláusula dedicada a este tema. En concreto, la cláusula 7.2 Competencia establece que:

La organización debe:

a) determinar la competencia necesaria de la (s) persona (s) que realizan el trabajo bajo su control que afecta el desempeño y la eficacia del sistema de gestión de la calidad.

b) asegurarse de que estas personas sean competentes sobre la base de una educación, formación y experiencia adecuadas.

c) en su caso, tomar acciones para adquirir la competencia necesaria y evaluar la efectividad de las acciones tomadas.

d) conservar la información documentada como prueba de una adecuada competencia

NOTA: Las acciones aplicables pueden incluir, por ejemplo, la provisión de formación, la tutoría o la reasignación de personas que están actualmente empleadas; o la contratación de personas competentes.

6.2 Gestión de competencias

La competencia es la capacidad de aplicar conocimientos y habilidades para lograr los resultados previstos (como se define en ISO 9000:2015, cláusula 3.10.4) El beneficio de la formación y el desarrollo personal es el aumento de la competencia, que conduce a un aumento en la capacidad que tiene una persona para dar valor a una organización y a sus clientes.

La formación y el desarrollo son factores esenciales en la participación de las personas, incluida la gestión de las relaciones laborales/industriales y las quejas formales. Las organizaciones de éxito aplican el conocimiento y las habilidades de su personal de una manera que crea valor en la organización y en sus clientes.

El aprendizaje es el proceso de adquirir conocimientos o habilidades a través de la experiencia, del estudio o de la formación. El aprendizaje formal a menudo dará como resultado que una persona reciba unas determinadas cualificaciones. Los procesos de aprendizaje pueden aplicarse en una organización a una persona individual o de un modo colectivo. Una organización debe reconocer que las personas aprenden de diferentes formas. Algunas personas se adaptan mejor a un entorno de aula; mientras que otros se inclinan por un entorno de tutoría, y otros aprenden mejor en un entorno basado en la web.

Una organización que aprende se enfoca en aumentar y retener su conocimiento para mejorar la capacidad de desempeño de la organización. La organización necesita tener personal competente para ser competitiva. Para lograr el flujo necesario de información y conocimiento y convertirse en una organización que aprende, los procesos de la organización deben combinarse en un sistema de gestión. La capacidad de una organización para aprender le permite ser más competitiva.

Los beneficios de un proceso de aprendizaje eficaz son un mayor rendimiento, satisfacción y seguridad laborales. Todos ellos conducen a una mejora en la actitud y la motivación. Las mejoras en competencias como la comunicación, conducen a mejoras en la calidad del producto y en un mejor servicio al cliente. Para la organización, esto conduce a una mayor competitividad y rentabilidad.

La formación es el proceso mediante el cual las personas adquieren habilidades y competencias. El desarrollo es el proceso mediante el cual las personas cambian y se vuelven más competentes. La intención es involucrar a las personas en el viaje hacia una conexión personal con la dirección estratégica y los resultados esperados.

El desarrollo de la competencia es parte del diseño organizacional y es fundamental para el desempeño. Proporcionar la formación adecuada y desarrollar las competencias necesarias (técnicas y no técnicas) influye directamente en la fiabilidad del desempeño humano. Se espera que los trabajadores realicen una amplia gama de tareas con menos supervisión, y esto aumenta la necesidad de gestionar la competencia de una forma eficaz. La competencia es mucho más que la formación. Implica educación, cualificaciones, formación, habilidades, conocimientos técnicos, experiencia, capacidades físicas y mentales, comprensión, comportamiento y actitudes adecuados.

La gestión de la competencia debe ser una parte integral del sistema de general de gestión de una organización y debe aplicarse a todo el personal (trabajadores regulares, contratistas, etc.) de arriba a abajo.

La gestión de competencias implica:

- Identificación de los requisitos de competencia.
- Selección y contratación de personal.
- Evaluación de la competencia.
- Certificación de la competencia.
- Mantener, reevaluar y vigilar la competencia.

Al considerar las necesidades de competencia, las organizaciones deben determinar la competencia requerida para lograr los resultados previstos, a nivel organizacional, de equipo, de grupo e individual, teniendo en cuenta:

a) el contexto de la organización: cambios en asuntos externos/internos y las necesidades y expectativas de las partes interesadas relevantes que afectan significativamente a las necesidades de competencia.

b) el impacto potencial de la falta de competencia en los procesos y la efectividad del sistema de gestión.

c) reconocimiento de los niveles individuales de competencia en relación con la capacidad para desempeñar funciones específicas.

d) oportunidades para utilizar la competencia específica disponible en el diseño de funciones, procesos y sistemas relacionados con el trabajo.

La gestión de competencias debería considerar todos los procesos, funciones y niveles de la organización. La determinación de lo que se necesita debe comenzar evaluando los niveles actuales de competencia, incluidas las limitaciones, y manteniendo información documentada sobre las necesidades específicas de competencia, según corresponda. La organización debería determinar sus necesidades de competencia a intervalos planificados y en respuesta a cambios en su contexto.

Las organizaciones pueden optar por utilizar proveedores externos para llevar a cabo cualquier actividad, incluido un análisis para determinar las necesidades de competencia y evaluar los niveles de competencia actuales, tal como se trata en este capítulo. Si una organización utiliza a un proveedor externo, debe garantizar un seguimiento y una evaluación adecuados de las actividades que realizan.

Determinar las necesidades de competencia y la competencia organizacional.

La competencia se ve afectada directamente por el contexto de la organización. Al determinar los tipos y el nivel de competencia necesarios, la organización debería considerar, por ejemplo:

a) cuestiones externas (por ejemplo, requisitos legales y reglamentarios, avances tecnológicos)

b) factores internos (por ejemplo, misión, visión, objetivos estratégicos, valores y cultura de la organización, rango de actividades o servicios, disponibilidad de recursos, conocimiento organizacional)

c) necesidades y expectativas de las partes interesadas relevantes (por ejemplo, autoridades sanitarias, consumidores, sociedad)

La información documentada debe mantenerse y/o archivarse según corresponda para respaldar y demostrar:

- necesidades de competencia organizacional relacionado con la organización
- equipo (equipo establecido o logros de formación en un grupo más informal)
- individual (calificaciones, resultados de desempeño/evaluación)
- programas de desarrollo y otras iniciativas
- evaluación del impacto del desarrollo de competencias y otras acciones asociadas

Competencia de equipo o grupo

Dentro de la organización, hay diferentes equipos o grupos que necesitarán diferentes competencias según las actividades que realicen y los resultados esperados. Al determinar las diferentes necesidades de un equipo o grupo, la organización debe considerar:

a) liderazgo

b) objetivos del equipo o grupo y resultados previstos

c) actividades, procesos y sistemas

d) estructura del equipo o grupo: jerarquía, número de personas, roles y responsabilidades

e) la cultura de equipo o grupo y la capacidad de cooperar, colaborar y cultivar el respeto

Competencia individual

Los requisitos de competencia individuales deben determinarse en todos los niveles de la organización para garantizar que cada rol o función diferente, sea eficaz.

Para determinar la competencia individual, la organización debería considerar:

a) requisitos de competencia externa.

b) roles y responsabilidades.

c) actividades relacionadas con el rol o función.

d) comportamientos (por ejemplo, inteligencia emocional, capacidad para mantener la calma en una crisis, capacidad para mantener la concentración durante el trabajo monótono, capacidad para trabajar de manera cooperativa dentro de un equipo directo y en toda la organización o con los clientes).

6.3 Errores típicos de los programas de formación

Los errores humanos suelen estar asociados con la falta de formación o, más a menudo, con una formación de mala calidad. Sin duda, la formación puede considerarse como una de las principales categorías de causas fundamentales de los errores humanos y, en un sentido más amplio, del desempeño humano inadecuado en las industrias alimentarias.

Los requisitos de un programa de eficaz de formación son:

- Desarrollar el programa en base a las necesidades de los participantes.
- Establecer objetivos de aprendizaje claros.
- Establecer el programa en el momento y lugar adecuados.

- Seleccionar para la asistencia las personas adecuadas.
- Seleccionar instructores eficaces.
- Utilizar técnicas eficaces y ayudas para el aprendizaje.
- Evaluar el programa y medir la efectividad de la formación.

Las causas de las deficiencias de una capacitación son múltiples, entre ellas:

- No se requiere formación.
- Falta formación.
- Contenido no adecuado.
- Método de formación no adecuado.
- Barreras idiomáticas.
- Entorno de formación no adecuado.
- Instructor no adecuado.
- Práctica o experiencia práctica insuficiente.
- Frecuencia no adecuada (formación de actualización insuficiente).
- No medir la efectividad de la formación.

En general los problemas de una buena formación están relacionados con dos áreas principales: (1) el contenido y el proceso de llevar a cabo la formación y (2) las capacidades del formador/instructor.

La mayoría de las empresas carecen de un proceso formal y sólido para el diseño instruccional, o incluso de un programa adecuado de formación de formadores. Por otro lado, los programas de formación en las industrias suelen estar a cargo de supervisores, expertos en la materia (a veces) o incluso trabajadores experimentados, normalmente llamados instructores. Pero a menudo, esos instructores, aunque tengan una amplia experiencia en un trabajo específico, sus habilidades de enseñanza/formación no necesariamente se desarrollan al nivel requerido.

La falta de medición de la eficacia de la formación es otra deficiencia importante en los programas de formación que se analiza en la sección 6.6.

6.4 Análisis de necesidades de formación

El análisis de las necesidades de formación (ANF) es el proceso para identificar la brecha entre el nivel de formación de los trabajadores y las necesidades reales de formación en la empresa. La cualificación adecuada afecta de forma directa a la competitividad del tejido empresarial y redunda en una mayor productividad.

El análisis de las necesidades de formación es la primera etapa del proceso de formación e implica un procedimiento para determinar si una determinada formación realmente abordará el problema que se ha identificado. El análisis de las necesidades de formación examina cada aspecto de un entorno operativo, para que las habilidades, el conocimiento y las actitudes iniciales de las personas que forman parte de un sistema, se puedan identificar de un modo efectivo y se pueda determinar y establecer una formación adecuada.

El ANF es un enfoque estructurado, inicialmente desarrollado en el ejército para evaluar los requisitos de entrenamiento y evaluar los métodos de entrenamiento apropiados para cumplirlos. Por lo general, se utiliza para identificar y respaldar las necesidades de formación creadas tras la introducción de sistemas y equipos nuevos o modificados. Consta de cinco etapas:

1. Establecer un documento de alcance

2. Análisis de las tareas operativas

3. Análisis de las carencias de formación

4. Análisis de las opciones de formación

5. Plan de formación

Según el alcance del ANF (por ejemplo, una nueva función o un nuevo equipo), puede ser necesario preparar un documento de alcance para identificar lo que el ANF pretende lograr.

El *análisis de tareas operativas* evalúa las tareas realizadas dentro de un rol específico, para identificar las tareas asociadas con el nuevo sistema o equipo que se está introduciendo.

El *análisis de las carencias de formación* se utiliza como una medida de la brecha entre las habilidades, los conocimientos y las actitudes existentes y las requeridas. Las habilidades, el conocimiento y las actitudes requeridas pueden variar entre los diferentes roles que desempeñan la tarea.

El *análisis de las opciones de formación* revisa los métodos y medios para la formación disponibles para cada tarea y evalúa las ventajas y desventajas de cada método de entrega.

El *plan de formación* presenta el detalle del análisis y debe incluir lo siguiente:

- Plan de implementación
- Calendario de plazos
- Explicación de cómo se evaluará la formación.

6.5 Desvanecimiento de una habilidad

También es necesario tener en cuenta que las habilidades se desvanecen (grado en que el aprendizaje se deteriora con el transcurso del tiempo). Las habilidades cognitivas complejas, como realizar un cálculo, tienden a ser más propensas a desvanecerse que las habilidades psicomotoras como montar en bicicleta. Se tiende además a perder habilidades en aquellas tareas que se realizan con poca frecuencia, especialmente si son tareas difíciles o complejas. Se deben seleccionar actividades que requieren un alto nivel de destreza para actividades de formación, práctica y actualizaciones más frecuentes.

Buscando el equilibrio óptimo, es importante realizar ni más (¡ni menos!) formación de actualización de lo necesario para mantener el rendimiento en el nivel de habilidad deseado. El ejército es uno de los campos donde se han realizado varios estudios respecto a los posibles modelos para predecir la retención de habilidades, para tratar de determinar cuándo se debe ofrecer formación de actualización[18].

La retención de habilidades se puede definir como el mantenimiento o sostenimiento de habilidades como comportamientos y procedimientos aprendidos durante largos períodos de tiempo sin práctica. La degradación en el desempeño puede observarse porque los procesos perceptivos, motores y cognitivos que subyacen en el desempeño cualificado decaen o se pierden, o porque el individuo pierde la capacidad de acceder o realizar esos procesos.

Estos son los ocho factores principales que parecen estar relacionados con la retención de habilidades:

- Intervalo de retención
- Oportunidad de practicar
- Grado de aprendizaje
- Método de entrenamiento
- Similitud de entornos de entrenamiento y desempeño
- Tipo de tarea

[18] Bryan, D. J., and H. Angel. 2000. *Retention and Fading of Military Skills: Literature Review*. Ontario: Canada Department of National Defense

• Método de prueba

•Diferencias individuales

Se han publicado varios tipos de modelos para predecir la retención de habilidades. Algunos de ellos, son enfoques subjetivos y cualitativos que implican algún tipo de autoevaluación sobre la retención y/o la necesidad de actualización realizada por un individuo formado. Otros modelos cualitativos ayudan a comprender cómo las habilidades se desvanecen con el tiempo en relación con algunos factores clave. Sin embargo, no permiten predecir cuándo disminuirá la competencia por debajo de un umbral o de un criterio establecido o cuándo será necesaria una formación de actualización.

Uno de los modelos cuantitativos de retención de habilidades más ampliamente reconocidos es el modelo UDA (*U.S. Army Research Institute's Users' Decision AID*) para la decisión de los usuarios del Instituto de Investigación del Ejército de los EE.UU.

Este modelo fue desarrollado para proporcionar predicciones cuantitativas de la retención de habilidades para las tareas militares y se basa en estudios empíricos que documentan los factores que afectan la retención de habilidades. El modelo se basa en los siguientes factores específicos:

- Número de pasos
- Si los pasos deben realizarse en una secuencia establecida
- Si la tarea provee retroalimentación indicando que se ha ejecutado correctamente
- Número de hechos o fragmentos de información que deben recordarse
- Que se necesita para ejecutar la tarea
- Si la habilidad es cognitiva o perceptiva/motora

- Si hay ayudas o recordatorios para realizar la tarea

- El límite de tiempo para la tarea (si corresponde)

El modelo UDA se desarrolló a través de un proceso iterativo para determinar la relación empírica entre el conjunto de factores y la retención observada de ciertas habilidades militares, y determinar la función que mejor se ajusta y describe esa relación.

El modelo UDA contiene 10 preguntas que los evaluadores responden en función del resumen de la tarea y su conocimiento de la tarea. Los evaluadores seleccionan la respuesta adecuada y anotan el valor de la escala (puntos) asociado con la respuesta seleccionada. Cuando se han respondido las 10 preguntas, los evaluadores calculan el total de puntos de la escala, que constituye el valor de retención de la tarea. Las puntuaciones se interpretan con tablas de predicción de rendimiento, que se utilizan para convertir la puntuación de retención total en una predicción del rendimiento de la tarea calificada.

El modelo UDA se utiliza para determinar:

- ¿Cómo de rápido se olvidarán las habilidades requeridas para una tarea?

- ¿Qué tarea entre varias se olvidará o recordará después de un intervalo específico?

- ¿Qué porcentaje de soldados podrá realizar una tarea después de hasta un año sin práctica?

- ¿Cuándo realizar una formación de actualización para mantener un grupo o equipo en un nivel adecuado?

6.6 Medición de la efectividad de la formación

La formación es un componente fundamental en la estrategia de cualquier organización, pero las empresas reguladas rara vez evalúan el impacto de sus programas de formación. La gestión de una formación eficaz proporciona la estructura general necesaria para garantizar que los programas de formación tengan procesos establecidos para respaldar las operaciones reguladas. Las organizaciones que vigilan la efectividad de la formación y se esfuerzan por mejorar las debilidades, son consistentemente las que tienen un mejor desempeño. Es importante desarrollar metodologías para medir, evaluar y mejorar continuamente la formación.

Muy a menudo, las actividades de formación se ven como una fuente de gastos más que como una de las actividades más críticas que hay en cualquier organización, especialmente en entornos altamente regulados como el nuclear, aeroespacial, farmacéutico y alimentario. En todas estas industrias, se deben medir los resultados de la formación. La incorporación de indicadores seleccionados puede ayudar a demostrar el valor real de la formación. Las mediciones que tienen en cuenta las mejoras en el rendimiento pueden proporcionar un punto de referencia para valorar la eficacia de la formación.

Una consideración importante, es que la mayoría de las acciones correctivas y/o preventivas incluyen programas de formación y, por lo tanto, se debe evaluar la efectividad de estas acciones de formación. Sin embargo, para la mayoría de las empresas, el único registro que se genera a partir de las actividades de formación, es una hoja a modo de registro de asistencia. Al evaluar el posible impacto de la formación durante las investigaciones de incumplimiento, estos registros simplemente determinan si el personal involucrado en un fallo firmó la lista de asistencia correspondiente. Si es así, concluyen con que la formación puede descartarse como la causa raíz del problema.

La efectividad de la formación no es un requisito explícito de las regulaciones europeas ("velar porque el personal reciba una formación y una supervisión adecuadas" Reglamento (CE) nº 852/2004). Veamos sin embargo las expectativas que tiene la FDA con respecto a este tema que se incluye en varios documentos de orientación.

La expectativa de la FDA es que las empresas deben evaluar la eficacia de la formación de su personal porque es un indicador directo de la solidez del sistema de calidad de la empresa. Los datos de calidad (reclamaciones, investigaciones de fallos, auditorías internas y externas, revisiones de registros, etc.) deben usarse para evaluar tanto las necesidades de formación como de la efectividad de la misma. Los errores humanos se deben detectar, analizar tendencias, investigar y corregir. No abuse del "volver a formar" como acción correctiva.

La nueva versión de la norma ISO 9001: 2015 *Sistemas de gestión de la calidad* establece en su cláusula 7.2, *Competencia*, que la organización debe:

a) determinar la competencia necesaria de la (s) persona (s) que realizan trabajos bajo su control que afectan el desempeño y la eficacia del sistema de gestión de la calidad

b) asegurarse de que estas personas sean competentes sobre la base de una educación, formación y experiencia adecuadas

c) en su caso, tomar acciones para adquirir la competencia necesaria y evaluar la efectividad de las acciones tomadas

d) conservar la información documentada como prueba de competencia adecuada

El modelo de Kirkpatrick para la evaluación de la efectividad de la formación

Hace más de medio siglo, Donald L. Kirkpatrick introdujo un enfoque de cuatro pasos para la evaluación de la formación[19]. Sus cuatro pasos se conocen comúnmente en el campo de la formación como evaluación de nivel uno, nivel dos, nivel tres y nivel cuatro. El cuadro 6.1 refleja estos cuatro niveles de evaluación.

[19] Kirkpatrick, Donald L. and James D. Kirkpatrick. (2006). *Evaluating Training Programs.* 3rd ed. San Francisco: Berrett-Koehler Publishers

Tabla 6.1 Los cuatro niveles del modelo Kirkpatrick

Nivel	**¿Qué?**	**¿Cuándo?**
Reacción	¿Les gustó?	Al finalizar la formación
Aprendizaje	¿Aprendieron?	Antes y después de la formación
Comportamiento	¿Lo usaron?	Antes y después de la formación
Resultados	¿Se produjeron resultados positivos medibles?	Antes y después de la formación

Nivel uno: Reacción

Kirkpatrick define este primer nivel de evaluación como la determinación de "cuanto les gustó a los alumnos un programa en particular de formación", "midiendo los sentimientos de los alumnos" o "midiendo la satisfacción del cliente". Él, describe las siguientes pautas para evaluar la reacción:

1. Determine lo que quiere que aprendan

2. Utilice una hoja de comentarios por escrito que cubra los elementos determinados en el paso 1

3. Diseñe el formulario para que las reacciones se puedan tabular y cuantificar.

4. Obtenga reacciones honestas al hacer que los formularios sean anónimos.

Anime a los participantes a escribir comentarios adicionales no cubiertos por las preguntas que fueron diseñadas para ser tabuladas y cuantificadas.

Kirkpatrick también sugiere medir la reacción de los gestores de la formación y otros observadores cualificados. Un análisis de estos dos grupos dará un mejor indicador de la efectividad del programa en este primer nivel de evaluación de la formación.

Nivel dos: Aprendizaje

Kirkpatrick define el aprendizaje como "actitudes que se cambiaron y conocimientos y habilidades que se aprendieron". Él describe las siguientes pautas para evaluar el aprendizaje:

1. Se debe medir el aprendizaje de cada alumno para poder determinar los resultados cuantitativos.

2. Se debe utilizar un enfoque de antes y después para que cualquier aprendizaje pueda relacionarse con el programa.

3. Cuando sea posible, debe compararse un grupo de control que no reciba la formación con el grupo que recibió la formación.

4. Cuando sea posible, los resultados de la evaluación deben analizarse estadísticamente para que el aprendizaje pueda demostrarse en términos de correlación o nivel de confianza.

Además de utilizar exámenes escritos y orales y pruebas de desempeño, Kirkpatrick sugiere que, si un programa se diseña cuidadosamente, el aprendizaje puede evaluarse de manera justa y objetiva mientras se lleva a cabo la sesión de formación. Por ejemplo, el desempeño individual de una habilidad que se está enseñando y las discusiones después de una situación en un juego de roles pueden usarse como técnicas de evaluación.

Nivel tres: Comportamiento (la transferencia de formación)

Al darse cuenta de que "puede haber una gran diferencia entre conocer los principios y técnicas y usarlos en el trabajo", Kirkpatrick sugiere que se deben cumplir los siguientes cinco requisitos para que se produzca un cambio de comportamiento:

1. Deseo de cambiar

2. Conocimiento de qué hacer y cómo hacerlo

3. El clima laboral adecuado

4. Ayuda para aplicar lo aprendido durante la formación

5. Recompensas por cambiar el comportamiento

Kirkpatrick describe las siguientes pautas para evaluar los programas de formación en términos de cambios de comportamiento en el trabajo:

- Se debe realizar una evaluación sistemática del desempeño en el trabajo antes y después.

- La evaluación del desempeño debe ser realizada por uno o más de los siguientes grupos (cuantos más, mejor):

    - La persona que recibe la formación

    - El supervisor de la persona

    - Los subordinados de la persona (si los hay)

    - Los compañeros de la persona u otras personas completamente familiarizadas con su desempeño.

- Se debe realizar un análisis estadístico para comparar el desempeño antes y después y relacionar los cambios con el programa de formación.

- La evaluación posterior a la formación, debe realizarse tres meses o más después de la formación, para que los alumnos tengan la oportunidad de poner en práctica lo que han aprendido. Las evaluaciones posteriores pueden aumentar la validez del estudio.

- Debe utilizarse un grupo de control (que no reciba la formación).

Kirkpatrick establece que "medir los cambios en el comportamiento resultantes de los programas de formación implica un procedimiento muy complicado". No obstante, conviene que los programas de formación aumenten su eficacia y que sus beneficios queden claros a la alta dirección. También reconoce que pocos gestores de formación tienen la experiencia, la habilidad y el tiempo para participar en evaluaciones extensas, y sugiere que recurran a especialistas, investigadores y consultores para obtener asesoramiento y ayuda.

Nivel cuatro: Resultados (el impacto de la formación en la empresa)

Basado en la premisa de que "los objetivos de la mayoría de los programas de formación pueden expresarse en términos de resultados como una reducción de la rotación de personal, reducción de costes, mejora de la eficiencia, reducción de quejas, aumento de la calidad y cantidad de producción o mejora de la moral", Kirkpatrick concluye diciendo "Sería mejor evaluar los programas de formación directamente en términos de los resultados deseados".

Reconoce que hay tantos factores de complicación que es extremadamente difícil, si no imposible, evaluar ciertos tipos de programas en términos de resultados. Él recomienda que los gerentes de la formación evalúen primero en términos de reacción, aprendizaje y comportamiento, y luego consideren los resultados comerciales tangibles. También advierte que debido a la dificultad en la separación de variables (es decir, cuánto de la mejora se debe a la formación en comparación con otros factores), es muy difícil medir resultados que se puedan atribuir directamente a un programa de específico de formación.

De la experiencia de Kirkpatrick con las evaluaciones de nivel cuatro, concluye que probablemente sea mejor utilizar la entrevista personal en lugar de un cuestionario para medir los resultados. Además, las medidas tomadas antes y después, pueden proporcionar evidencia (pero no necesariamente prueba) de que los resultados son directamente atribuibles a la formación, aunque podrían haber influido otros factores.

6.7 Errores humanos y reentrenamiento

En esta sección, abordaremos el uso del "reentrenamiento" en el contexto de CAPA. La definición de reentrenamiento es volver a formar. Cada vez que vemos el reentrenamiento en los documentos de acciones correctivas o preventivas de la documentación de CAPA, nos surgen las mismas preguntas: "¿Cuál es la diferencia entre este (re) entrenamiento y el entrenamiento original? Si una persona no siguió un procedimiento, ¿por qué cree que el reentrenamiento es la solución? "Quizás sería mejor determinar por qué no se siguió dicho procedimiento".

Además, si el reentrenamiento es la acción correctiva, la formación original debe ser la causa raíz del problema que estamos tratando de solucionar (recuerde la definición de causa raíz). En otras palabras, nuestra formación original no fue efectiva. Si volvemos a formarnos con el mismo contenido, el mismo instructor y las mismas condiciones, ¿por qué va a ser efectivo esta vez?.

La causa principal de los lapsus y los descuidos rara vez se asocian con la formación. Veamos un hipotético ejemplo que puede ilustrar esto: un trabajador olvidó realizar un paso determinado durante la fabricación de un lote. El mismo empleado ya había preparado decenas de lotes del mismo producto durante los meses anteriores, el último hace tan solo apenas tres días. Y debido al "error" que cometió hoy, recibe un reentrenamiento. ¿Realmente necesita un reentrenamiento? Creemos que en verdad no.

Repetir la formación (reentrenamiento) es una acción correctiva adecuada cuando el error humano es un error basado en el conocimiento. A veces, el reentrenamiento del personal se utiliza indebidamente como medida preventiva para este tipo de incidentes. Pero no puede ser una acción preventiva porque, en todo caso, no evitará la recurrencia, que es la definición de acción correctiva. Discutir la situación con otros trabajadores para que sean conscientes de la situación puede considerarse una acción preventiva porque trata de prevenir por (primera vez) la ocurrencia de la situación (para esos otros trabajadores).

Durante nuestras sesiones de formación, usamos la analogía de que el uso excesivo de la combinación de error humano y reentrenamiento están "matando" nuestro sistema de formación porque lo estamos culpando de todos esos fallos humanos sin tener ninguna evidencia objetiva de que esta es la verdadera causa. La palabra reentrenamiento a menudo se sustituye por repaso, orientación, etc., pero todos ellos apuntan a las mismas acciones inefectivas e inadecuadas.

Los errores humanos son indicadores claros de la presencia de problemas subyacentes en el sistema de calidad que no se pueden (y no se resolverán) adecuadamente con solo reentrenamiento. Por lo tanto, nuestra recomendación es que debería pensarlo dos veces la próxima vez que concluya que una persona cometió un error cuando no siguió un procedimiento y que volver a formarlo evitará que se vuelva a dar la misma situación.

Capítulo 7
Los pilares: documentación

Nuestra industria alimentaria se basa en la documentación. Todos conocemos la expresión "Si no está escrito, no ha sucedido" o "lo que no está escrito, no existe o no se hizo". La interacción de las personas con los documentos implica cuestiones de factores humanos que pueden tener un impacto importante en la calidad del trabajo. Desde procedimientos no seguidos, hasta diagramas engañosos o registros que no se completan correctamente, todos estos factores pueden aumentar la probabilidad de presentar fallos un producto y/o desviaciones en los procesos en las industrias de fabricación de alimentos.

Los procedimientos son una parte fundamental de todas las operaciones de fabricación. Proporcionan reglas y prácticas operativas aprobadas a seguir. En el campo de la fabricación de alimentos, existen normativas que exigen procedimientos escritos para el control de la producción y los procesos, la calidad, etc. Como ejemplo, tomado del Reglamento (CE) nº 852/2004, específicamente, el art 5, Sistema de análisis de peligros y puntos de control crítico, establece:

> Punto 2 (g) - elaborar documentos y registros en función de la naturaleza y el tamaño de la empresa alimentaria para demostrar la aplicación efectiva de las medidas contempladas en las letras a) a f)
>
> Punto 4 - los operadores de empresa alimentaria

b) garantizarán que los documentos que describan sus procedimientos desarrollados de acuerdo con el presente artículo estén actualizados permanentemente.

Algunos estudios de accidentes sucedidos en una importante empresa petroquímica muestran que el 60% de los incidentes relacionados con el desempeño humano se debieron a unos procedimientos ineficaces, incorrectos o carentes (*Center for Chemical Process Safety* 2007).

7.1 Procedimientos y formularios

Al elaborar la documentación, es importante considerar cómo reciben y perciben la información los usuarios, y también cómo acceden a esa información. Entre las cuestiones clave para el diseño de documentos se encuentran:

- *Medio utilizado en el documento:* cómo acceden los usuarios a la información.
- *Navegación por el documento:* cómo se mueven los usuarios por la documentación: papel, pantalla de ordenador, etc.
- *Contenido de la información*: qué información está disponible para los usuarios.
- *Presentación de la información:* cómo se ve la información en una página o en una pantalla.

Los documentos deben diseñarse desde la perspectiva de los usuarios. Las personas que redactan los documentos deben conocer quiénes son los usuarios de los documentos, sus necesidades y expectativas, y trabajar con ellos durante el proceso de desarrollo de la documentación. Los documentos deben adaptarse al usuario siempre que sea posible. Al generar la versión de un documento, ésta debe adaptarse a los usuarios con un mínimo común denominador:

Medio

- Considere las necesidades de los usuarios
- Haga coincidir el medio con la información

Navegación

- Proporcione pistas de navegación que sean claras, reconocibles y coherentes, como números de página, encabezados/pies de página, tablas de contenido, referencias, etc
- No use más de tres niveles de información (no, no está bien tener la sección número 6.2.1.2.1.4.5.6 o la sección 8.57.3.1)
- Evite las referencias a otros documentos

Contenido

- Proporcione información suficiente y precisa
- Identifique claramente lo que debe hacer el usuario
- Utilice el tono imperativo al dar instrucciones
- Proporcione solo la información que realmente necesita el usuario
- Utilice anexos para obtener información de apoyo y detalles

Presentación

- Utilice el idioma principal de los usuarios
- Utilice la terminología adecuada, según el nivel del usuario

La "trampa" de los documentos bilingües

En muchos países, las industrias de fabricación de empresas multinacionales mantienen cierta documentación en inglés con fines regulatorios o de certificación (por ejemplo, ISO), además de mantener la mayor parte de la documentación del SGC en el idioma local.

A veces, los documentos también se mantienen en formato bilingüe y, en esta situación, hay una buena y una forma mala de hacerlo. Disponer párrafos sucesivos en cada idioma es una verdadera pesadilla. Recomendamos encarecidamente tener el documento completo en un idioma y luego incluir la traducción del documento completo en el segundo idioma.

7.2 Cómo diseñar y redactar procedimientos y/o instrucciones efectivas

Muchos procedimientos, instrucciones de trabajo y documentos de referencia no siguen unas buenas prácticas desde el punto de vista de evitar el error humano, y los procedimientos escritos contribuyen a aumentar las tasas de error. Muchas organizaciones tienen procedimientos que están mal redactados y desorganizados. Los procedimientos deficientes son uno de los problemas más prevalentes en las industrias, ya que tradicionalmente los procedimientos no se han elaborado desde la perspectiva de considerar los factores humanos. Generalmente se han desarrollado para cumplir con el requisito de cumplimiento reglamentario que establece disponer de procedimientos escritos. Y para que los procedimientos sean efectivos, deben usarse.

Las organizaciones también deben abordar aquellas razones que hacen que los trabajadores no utilicen el procedimiento. Como ejemplos de problemas que impiden su uso tenemos:

- Los procedimientos son difíciles de usar en el entorno laboral
- Los procedimientos son difíciles de entender
- Los procedimientos son incorrectos o están incompletos (los usuarios necesitan más información de la que contienen los procedimientos)
- Los procedimientos tienen un formato deficiente

Mejorar la redacción de procedimientos

Los procedimientos escritos desempeñan un papel fundamental para mantener la coherencia y garantizar que todos los usuarios tengan el mismo nivel básico de información e instrucciones. Son un elemento clave del sistema de gestión de la calidad y una herramienta importante en la formación. Sin embargo, unos procedimientos deficientes pueden ser una de las razones de porqué las personas no completen o realicen las acciones requeridas. Además de ser técnicamente precisos, los procedimientos deben estar bien redactados, ser utilizables y estar actualizados. Hágase las siguientes preguntas:

- ¿Son accesibles los procedimientos?
- ¿Realmente los sigue el personal?
- ¿Están escritos de manera que se puedan entender y seguir fácilmente?
- ¿Reflejan las tareas/actividades tal como se llevan a cabo?
- ¿Incluyen toda la información y/o instrucciones requeridas?
- ¿Están actualizados y se revisan periódicamente?

Los procedimientos deben:

- Ser precisos y completos
- Ser claros y concisos, con un nivel apropiado de detalles
- Ser accesibles, y estar actualizados
- Recibir el apoyo de la formación
- Usar un lenguaje adecuado y comprensible
- Utilizar una terminología coherente
- Reflejar realmente cómo se llevan a cabo las tareas
- Promover que los usuarios se sientan dueños de los documentos

Empiece por recopilar información sobre la tarea/actividad y los usuarios. Para ello, puede realizar un análisis de la tarea/actividad. A continuación, se muestran algunos temas sobre los que debe pensar:

- Considere tanto la dificultad como la importancia de la tarea/actividad a documentar
- Vea con qué frecuencia se realiza la tarea/actividad
- Piense en quién utilizará el procedimiento y el nivel de información que necesitará
- Establezca las habilidades, el nivel de experiencia, la formación previa y las necesidades de los usuarios del procedimiento

- Busque el nivel de formación necesario para apoyar la comprensión y el uso efectivo del procedimiento

- Intente involucrar a los usuarios en la preparación y mantenimiento del procedimiento

Los procedimientos pueden aparecer de diferentes formas, por ejemplo, como documentos impresos de texto, electrónicamente o como ayudas rápidas para el trabajo. Es importante que los usuarios sepan dónde se pueden encontrar los procedimientos y que esta ubicación les resulte adecuada. Si se tarda demasiado en localizar un procedimiento, los usuarios serán reacios a utilizarlo.

El estilo de escritura es un factor muy importante. Como pauta general, utilice oraciones cortas y evite las oraciones con una estructura compleja. Esto hará que el procedimiento sea más fácil de leer y comprender. Intente escribir en oraciones positivas y activas las acciones que los usuarios deben realizar. Por ejemplo, "Agregue el componente A y luego mezcle durante 10 minutos". Esto es más fácil de seguir que otra redacción más complicada "Después de agregar el componente A, comience a mezclar" o "No mezcle hasta que se haya agregado el componente A". Escriba las acciones en el orden en que deben realizarse.

Divida los procedimientos más largos en secciones más cortas. Esto ayuda a los usuarios a volver a un paso en determinado si se les interrumpe o si la tarea tarda algún tiempo en llevarse a cabo. EVITE USAR EN EL TEXTO TODAS LAS LETRAS MAYÚSCULAS. Las investigaciones muestran que es más lento y más difícil de leer que el texto redactado en minúsculas. Decida cómo se utilizarán determinados caracteres como mayúsculas, negrita, cursiva y subrayado. El uso excesivo de este tipo de caracteres distrae mucho a los usuarios.

Evite el uso de tamaños de letra muy pequeños (por ejemplo, ocho puntos o menos) ya que son difíciles de leer. Aproveche el uso del espacio entre líneas en el texto impreso. Las páginas desordenadas son más difíciles de leer. Aunque el procedimiento puede tener más páginas, proporcionar espacios en blanco lo hará más útil. Intente utilizar el mismo formato y estructura para todos los procedimientos. Un formato incoherente puede confundir al usuario.

Por qué fallan los procedimientos

Los procedimientos fallan cuando no se utilizan y acaban no utilizándose porque:

- Falta o no es accesible
- Es inexacto o incompleto
- Está mal escrito
- Tiene un formato o diseño inadecuado
- No se identifican los cambios claramente en las actualizaciones

7.3 Quién debe redactar procedimientos e instrucciones

En la mayoría de las organizaciones, casi cualquier técnico, administrador o persona con tiempo libre se encarga de redactar o revisar los procedimientos. Y puede que no siempre sea la persona más adecuada para ese trabajo.

Los procedimientos están escritos para aquellos que tienen que ejecutar las tareas descritas en ellos. De su lectura normalmente se puede detectar cómo de bueno, y especialmente cómo de malo, es un procedimiento. Entonces, la pregunta a responder es: ¿Quién es la mejor persona para escribir un procedimiento? ¿Es el experto del proceso, la persona que escribe bien, un equipo de personas, el ingeniero, el técnico, el supervisor? ¿Quién debería escribirlo?

Depende de la situación. Quien escribe un procedimiento debe ser una persona que se haga preguntas, que sea lógico, que le guste escribir y que escriba bien. Y la preparación, antecedentes, etc., no definen esto. Es una combinación de factores. Una vez seleccionados los redactores, se les debe proporcionar formación sobre los principios de los factores humanos y cómo pueden influir en que se produzcan errores.

7.4 Antes de empezar a escribir

Los siguientes son los cinco pasos básicos que debe considerar antes de comenzar a escribir un procedimiento o una instrucción de trabajo:

1. *La audiencia.* El procedimiento que está a punto de escribir está destinado a una audiencia específica. ¿Quién utilizará el procedimiento? ¿Cuánto saben sobre este tema? ¿Entenderán las cuestiones técnicas? ¿Espera que ejecuten este procedimiento correctamente desde la primera vez? ¿Cuánta formación necesitarán para ejecutar la actividad de manera consistente? Estas preguntas lo guiarán sobre qué hacer a continuación.
   Recuerde que un procedimiento ha de indicar cómo realizar una tarea o actividad. Cada paso de un procedimiento puede complementarse con una formación que ayude a cada audiencia a comprender por qué están haciendo cada paso de la forma en que está definido.

2. *Mapa del proceso.* Una vez que conozca a su audiencia, debe pensar en el procedimiento que va a escribir. Si es algo nuevo, tienes la opción de definirlo desde cero. Si está reescribiendo o modificando un procedimiento, no mire el procedimiento existente antes de pensar y escribir los pasos principales del proceso que está a punto de escribir.
   Una buena recomendación es pensar en lo que se debe hacer antes, durante y después del proceso. Esta segregación le ayuda a asegurar que no queden cabos sueltos en el procedimiento. En la industria alimentaria "antes" puede implicar qué documentos, preparación, materiales, verificaciones y personal se necesitan.
   Cuando considere cuales son las acciones necesarias para la fase "durante" del proceso, piense en las instrucciones que ha de proporcionar para ejecutar la actividad o tarea en el proceso. Este es el "cómo. El "después" en un mapa de procesos, considera todas las

acciones que se deben realizar después de completar la actividad o tarea. Esto cubre la documentación, registros, la limpieza y cualquier otra actividad necesaria para dejar el área lista para la siguiente actividad.

3. *Su sistema de documentación.* Casi todos los procedimientos requieren algún tipo de documentación, particularmente en las industrias alimentarias. ¿Qué se debe documentar antes, durante y después del proceso? Antes de comenzar a escribir, piense qué documentación se completará en cada paso del proceso.

   Vea qué información se va a recopilar y en qué medios. Defínalo en su mapa. Es posible que deba documentar el uso del equipo, las calibraciones, la verificación de las condiciones ambientales, los materiales utilizados, los nombres de las personas involucradas en el proceso, el momento en que se realizan las acciones, las validaciones, etc.

4. *¿Por qué es necesario este procedimiento*? No escriba hasta que esté seguro de que el procedimiento es necesario. ¿Existe un procedimiento similar? ¿Podemos hacer uso de otro procedimiento con unas mínimas modificaciones?

5. *El esquema.* Una vez que se ha completado el mapa del proceso, está listo para preparar el esquema de su procedimiento o el índice de contenidos. Aquí es donde usa el formato si lo hay, definido por su organización y configura los encabezados de las secciones o apartados de su procedimiento. Esto implica indicar quiénes estarán involucrados (audiencia). Normalmente, varios puestos (funciones laborales) están involucrados en la ejecución de un procedimiento.

7.5 Procedimientos y redacción de formularios para fomentar las buenas prácticas de documentación y minimizar el error humano.

Se ha escrito mucho sobre lo que se debe tener en cuenta al redactar un buen procedimiento de trabajo. Los cinco principios que se mencionan a continuación recogen nuestra experiencia en la redacción y corrección de los procedimientos, especialmente cuando nos enfocamos en la reducción de los errores humanos. Si está escribiendo desde cero, con un documento en blanco, primero prepare su formato como se define en la sección del mapa del proceso. Si está corrigiendo un procedimiento existente, haga lo mismo, pero recuerde que ya tiene algo escrito, y su labor en este caso es mejorar lo que ya está escrito.

Los cinco principios que discutiremos son:

1. Claridad

2. Legibilidad

3. Coherencia

4. Economía

5. Corrección

Claridad

La claridad en un procedimiento significa estar libre de ambigüedad, un estilo de escritura limpio y fácil de entender. Al escribir un procedimiento, nada es más importante que dar instrucciones claras y precisas. Son específicos para decir lo que quieren que hagan los trabajadores. Las instrucciones comienzan con un verbo, específicamente un verbo activo.

Para comprender el concepto de verbos activos, analicemos y refresquemos el concepto de los diferentes tipos de oraciones:

- Las oraciones enunciativas expresan alguna opinión, idea o juicio del emisor o narran algún hecho que sucedió o que está por suceder: "La etiqueta es verde"

- Las oraciones imperativas se usan para ordenar, suplicar, rogar o pedir: "Coloque una etiqueta"

- Las oraciones interrogativas pretenden obtener algún tipo de información del interlocutor: "¿Quién colocará la etiqueta?"

Para redactar los procedimientos, recomendamos el uso de oraciones imperativas. Estas oraciones comienzan con un verbo, se comunican claramente y están escritas con voz activa. Los verbos y oraciones pasivos son un método más débil para expresar acciones y pueden introducir una gran cantidad de ambigüedad en un procedimiento. Los verbos pasivos se forman con el verbo "ser + participio". Si los ve en sus procedimientos, considere reescribirlos en voz activa e imperativa.

Al iniciar una tarea o actividad con un verbo, el usuario reconoce inmediatamente la acción a realizar, lo que se traduce en una mejor atención y comprensión de lo que se espera que haga.

Una tarea de acción deficiente para un procedimiento se leerá así:

"Este paso requiere los aditivos E-1XX y E 2XX y el acidulante E 5XX, inmediatamente después de añadir E-1XX en el tanque, mezcle E 2XX y E 5XX mientras presiona y gira el mango alto hacia la izquierda y aprieta el botón de la derecha".

Esta es una oración larga con demasiados verbos. Para proporcionar claridad, cada acción debe tener un solo verbo. Vea la diferencia en el impacto con un formato a modo de lista de verificación más fácil de leer:

1. Pese los aditivos E-1XX y E 2XX

2. Pese el acidulante E 5XX

3. Añada E-1XX en el tanque

4. Gire la manivela alta hacia la izquierda y mezcle E 2XX y E 5XX

5. Apriete el botón de la derecha y mezcle todo durante 5 minutos

La claridad también implica no presentar ambigüedades. A veces, escribimos un procedimiento teniendo en cuenta lo que sabemos sobre el proceso. Sin embargo, no debemos asumir nada. Una declaración como la siguiente comienza con un verbo activo; se puede segregar en tres declaraciones, pero la parte relacionada con "asegúrese. . . " tiene un alto nivel de ambigüedad.

"Inspeccione la zona y el equipo y asegúrese de que estén en condiciones adecuadas para la producción".

Cualquier "asegurarse" debe tener un criterio definido. ¿Usamos una lista de verificación? ¿Cuál es el significado de "condiciones adecuadas para la producción"? Para minimizar la confusión y el error humano, debemos ser más claros. La instrucción anterior se convertirá en tres comandos específicos:

1. Inspeccione la zona

2. Inspeccione el equipo

3. Evaluar si ambos están visiblemente limpios

Legibilidad

Este término se refiere a utilizar términos estándar en el idioma nativo, ser positivo, enfatizar información importante y usar adecuadamente la información cuantitativa y las declaraciones condicionales.

Las palabras complejas pueden verse bien por personas de alto nivel cultural, pero las personas que normalmente ejecutan tareas, necesitan palabras comunes, algo que sea fácil de entender. Evite las palabras sofisticadas y minimizará los errores.

Las oraciones negativas son más difíciles de entender y suelen tener más palabras. Al escribir procedimientos, debe centrarse en lo que el lector necesita hacer en lugar de en lo que no quiere que haga. A los lectores les resulta más fácil comprender las declaraciones positivas. Como ejemplo, tenga en cuenta que las siguientes declaraciones negativas son más fáciles de leer cuando se escriben de manera positiva:

"No presione el botón de inicio hasta que la puerta no esté abierta" o "Presione el botón de inicio cuando la puerta esté cerrada".
"No sobrellene el tanque" o "Llene el tanque hasta la marca roja como máximo".

"No ponga en marcha el equipo sin protectores de seguridad" o "Coloque los protectores de seguridad antes de poner en marcha el equipo".

Enfatizando la información importante

Al escribir procedimientos, hay palabras o frases que nos gusta enfatizar. Para ello podemos utilizar mayúsculas, negrita, cursiva, colores, o cualquier otra forma que se nos permita según el software que utilicemos para la escritura. Lo importante que hay que considerar es que no podemos abusar del uso de cualquier énfasis porque eventualmente todo puede parecer igual y el resaltado pierde su propósito. Además, es necesario ser coherente en todo el documento.

Una frase como "**NO** se permite fumar" presenta varias formas de construcción interesantes. Es una declaración negativa, pero en ocasiones las declaraciones negativas tienen cabida, especialmente cuando se trata de cuestiones de seguridad o salud. La palabra "NO" está escrita tanto en letras mayúsculas como en negrita. Este es sin duda un gran uso del NO. Desea resaltar que no está permitido, por lo que usa doble resaltado.

Información cuantitativa

Hay muchas desviaciones asociadas con el siguiente tipo de instrucciones:

"Mantenga la temperatura ambiente a 21°C ± 2°C"

Considere un cambio al siguiente formato:

"Mantenga la temperatura ambiente entre 19°C y 23°C"

Coherencia

Esta es una propiedad que tienen los textos bien escritos y, en un procedimiento, coherencia significa modo en que todos los pasos llevan al usuario a la ejecución de algo que no solo tiene sentido, sino que es coherente, lógico e integrado.

El principio de coherencia también se centra en todo lo que incorporamos en los procedimientos que pueden desviar nuestra atención de lo que estamos haciendo; esto incluye "notas", "advertencias", "referencias", etc.

Si se deben utilizar notas en los procedimientos, deben escribirse inmediatamente donde sea necesario. Las notas se pueden utilizar para ampliar una explicación, presentar una definición o presentar un ejemplo. Las notas son una forma excelente de aclarar, por ejemplo, las precauciones de seguridad. Pero no abuse del uso de notas. Nuestra recomendación es no utilizar más de una nota por paso de acción.

Las referencias y las ramificaciones son las principales razones de los errores humanos en los procedimientos. Analicemos estos dos factores que hacen que los procedimientos pierdan su coherencia. Estos dos conceptos nos guían para movernos a otro lugar fuera del paso actual del procedimiento.

La referencia guía al lector dentro del mismo procedimiento o en otros procedimientos o documentos, pero siempre nos devuelve al punto de partida. Un ejemplo de referencia podría ser "Ejecute la operación de limpieza siguiendo el Procedimiento 123". Aquí se espera que vaya al Procedimiento 123 y ejecute la operación, y luego continúe con el siguiente paso del procedimiento inicial. Hay palabras específicas que indican que tienes que seguir una referencia. Son "siguiendo", "de acuerdo con" y "referirse a".

Tenga mucho cuidado con las referencias y la forma en que las escribe. El usuario no debe sentir que está yendo y viniendo constantemente del procedimiento a la referencia para obtener la información que necesita para ejecutar una tarea. Escriba para facilitarle el trabajo al usuario, nunca para hacerlo más fácil para usted. Por lo tanto, un procedimiento puede parecer corto y fácil de escribir, pero el usuario puede encontrar que para ejecutarlo necesita 5 o 10 documentos adicionales fuera del procedimiento ¡Evite esto!

Las ramificaciones son extremadamente peligrosas cuando se refiere a procedimientos. Esto es cuando le pide al usuario que salte algunos pasos, o que vaya a otro procedimiento para ejecutar solo algunos pasos, generalmente se usa porque desea evitar duplicar algo de otro procedimiento en su procedimiento. Una vez más, considere a su usuario y facilítele el trabajo a él, no a usted.

Ejemplo: "Si se aplica una limpieza profunda, vaya a la sección 3, paso 13".

Lo que debe tener mucho cuidado es que, si agrega otro paso, esta instrucción puede volverse incorrecta. La sección 3 puede ser más adelante la sección 4, o el paso 13 puede convertirse en el paso 15. Imagine que su usuario ejecuta los pasos incorrectos. Por esta razón, no recomendamos hacer referencia a ningún número de paso específico.

Hay palabras muy específicas que indican una ramificación "ir a. . . " "Proceda a. . . " "volver a . . . " "repetir . . . "

Economía

Este principio se relaciona con la eliminación de la redundancia, las preposiciones innecesarias, la jerga y las construcciones muertas. Los procedimientos deben ser ajustados; los queremos específicos, breves y precisos. Un procedimiento no es un libro. No necesitamos escribir con palabras sofisticadas o con un exceso de palabras. Un procedimiento no necesita párrafos. Las oraciones deben escribirse brevemente y ser fáciles de seguir. Las oraciones largas tienden a tener más de un verbo y tienden a confundir. A continuación, se muestra un ejemplo de un procedimiento:

"Hacia el final del proceso, agregue unos 10 kg de material".

Imagina que eres un trabajador y ves esta instrucción. Piense en un proceso que se demore tres horas. ¿Qué se entiende por "hacia el final del proceso"? ¿Es 15 minutos antes, cinco minutos, un minuto? Y entonces, ¿qué significa exactamente "añadir unos 10 kg de material"? ¿No es esto muy impreciso? ¿8 es bueno? ¿12 es bueno? ¿A qué material nos referimos?

Cuando usamos preposiciones de esta manera, dejando demasiado abiertas las opciones, la instrucción se vuelve ambigua y confusa, y puede ser un desastre el resultado final. Por esta razón, recomendamos que la persona que redacte un procedimiento debe decir exactamente lo que quiere como acción, de modo muy específico y sin ofrecer ninguna posibilidad de asumir nada.

En resumen, cuando hablamos de economía, nuestra recomendación es examinar su procedimiento en busca de cualquier párrafo que pueda recortarse. Reformule las oraciones usando solo un verbo activo por comando. Separe las oraciones para que sean más fáciles de leer y diga lo que quiere que la gente haga, no lo que quiere que no hagan.

Exactitud

Ahora que ha aplicado todos los demás principios, es hora de evaluar si lo que le queda de su procedimiento está escrito correctamente, con la gramática adecuada, etc.

La dificultad que descubrimos cuando encontramos un error en nuestros procedimientos es que detiene nuestro proceso cerebral. Inmediatamente pensamos en la persona que redactó el procedimiento y en los que lo aprobaron; no podemos creer que hayan pasado por alto ese error. La realidad es que existen errores gramaticales que podrían generar un error humano en el momento de la ejecución y otros que no repercuten en el procedimiento.

En resumen, este principio se refiere a usar la gramática correcta, usar palabras y términos simples, escribir en la secuencia adecuada y apoyar al usuario en su ejecución. En muchas situaciones, la persona que redacta un procedimiento se lo pone fácil, pero a veces olvida que cada vez que el usuario usa el procedimiento puede ser una pesadilla tratar de entender y seguir lo que está escrito.

Cuando el cerebro detecta un error, se detiene. Primero para tratar de comprender y descodificar el error, segundo para asumir lo que se espera y tercero para ejecutar lo que creen que se debe hacer.

Capítulo 8
Desarrollo de liderazgo

La falta de un adecuado liderazgo representa la causa raíz, más importante y crítica en una cultura de calidad deficiente e inadecuada. Este capítulo se centra en cinco preguntas sencillas pero claves desarrolladas por Peter Drucker. Estas preguntas se desarrollaron para ayudar a los líderes y gerentes de la empresa a realizar un proceso de autoevaluación con respecto a lo que están haciendo, por qué lo están haciendo y qué deben hacer para mejorar el desempeño de su organización.

1. ¿Cuál es nuestra misión?

2. ¿Quién es nuestro cliente?

3. ¿Qué valora el cliente?

4. ¿Cuáles son nuestros resultados?

5. ¿Cuál es nuestro plan?

Estas preguntas son esenciales y relevantes, y se pueden aplicar a organizaciones de cualquier sector y tamaño. Pueden ser una herramienta fundamental para los programas de desarrollo de nuevos gerentes y líderes. En conjunto, las cinco preguntas de Peter Drucker son poderosas y van directo al corazón de lo que hace que un liderazgo sea fuerte y, en última instancia, que un negocio tenga éxito.

Podemos pensar en un liderazgo eficaz como un requisito previo para establecer y mantener una cultura de cumplimiento y calidad sólida y positiva. El desarrollo del liderazgo es un viaje sin fin, y animamos a los líderes a utilizar periódicamente esta herramienta de autoevaluación para evaluar su organización y proporcionar una dirección organizativa y estratégica a toda la organización.

¿Cuál es nuestra misión?

Toda empresa necesita una razón para ser, y esto a menudo se resume en una declaración concisamente redactada. Este no debe ser un documento que se guarde en un cajón en algún lugar, sino uno que su organización y su gente la deben "vivir" todos los días. Drucker dice: "La declaración de una misión efectiva ha de ser breve y estar bien enfocada. Debe caber en una camiseta. La misión dice por qué haces lo que haces, no los medios por los que lo haces".

Veamos algunas preguntas más específicas que pueden ayudarlo a encontrar las respuestas que busca:

- ¿Cuál es la misión actual?
- ¿Cuáles son nuestros desafíos?
- ¿Cuáles son nuestras oportunidades?
- ¿Es necesario revisar la misión?

¿Quién es nuestro cliente?

En los negocios, el cliente es alguien a quien debe satisfacer. Si no lo hace, no obtendrá beneficios. En muchos casos, los líderes de una empresa no están seguros de quiénes son exactamente sus clientes, incluso a veces, aunque tengan alguna idea, estos líderes no logran que sus clientes sean el foco principal de atención.

Según Drucker, "Responder a la pregunta ¿Quién es nuestro cliente? proporciona la base para determinar qué valoran los clientes, definir sus resultados y desarrollar el plan ". Una vez que sepa quiénes son sus clientes, concentre sus esfuerzos en satisfacer sus necesidades. Drucker recomienda hacernos en las siguientes preguntas:

- ¿Quién es nuestro cliente principal?
- ¿Quiénes son nuestros clientes secundarios?
- ¿Cómo cambiarán nuestros clientes?

En nuestra industria alimentaria hay diferentes clientes, incluido el último: los consumidores. Nuestros dos clientes más importantes son:

- Autoridades sanitarias
- Consumidores

En nuestra industria, todos los líderes deben tener un conocimiento profundo de las regulaciones. Lamentablemente, muchos líderes y gerentes piensan que la calidad y el cumplimiento son responsabilidad específica del departamento de calidad. Están totalmente equivocados porque la calidad y el cumplimiento son responsabilidad de todos.

¿Qué valora el cliente?

El siguiente paso natural es averiguar qué es lo que valora su cliente y qué está dispuesto a pagar. Sin embargo, es posible que esta no sea una pregunta fácil de responder. Drucker escribe: "La pregunta ¿qué valoran los clientes? ¿qué satisface sus necesidades, deseos y aspiraciones? Es tan complicada que solo los clientes mismos pueden responderla". Si bien esta puede ser la más importante de las cinco preguntas, dice, también es la que las empresas a menudo no se plantean. Las siguientes preguntas están relacionadas con este paso:

- ¿Qué creemos que valoran nuestros clientes?
- ¿Qué información necesitamos obtener de nuestros clientes?
- ¿Cómo participaré en la obtención de este conocimiento?

¿Cuáles son nuestros resultados?

Cada iniciativa que emprenda tendrá resultados que deberán recopilarse y revisarse. Drucker dice: "El progreso y los logros pueden evaluarse en términos cualitativos y cuantitativos. Estos dos tipos de medidas están entrelazados, se alimentan entre sí, y ambos son necesarios para esclarecer de qué maneras y en qué medida se están cambiando vidas." Debe asegurar saber no solo cuáles son sus resultados, sino también cómo evaluarlos.

- ¿Cómo definimos los resultados de nuestra organización?
- ¿Tenemos éxito?
- ¿Cómo debemos definir los resultados?
- ¿Qué debemos fortalecer o dejar de hacer?

¿Cuál es nuestro plan?

Dada la rapidez con la que todo cambia hoy, es más importante que nunca tener un plan. Para que un plan sea eficaz, debe incluir ciertos elementos. Según Drucker, "Un plan ... es un resumen conciso del propósito y la dirección futura de la organización. El plan abarca la misión, visión, metas, objetivos, pasos de acción, un presupuesto y una evaluación". Si no puede responder a esta pregunta, no sabrá adónde va ni cómo llegará allí. Algunas preguntas pueden ayudarlo a encontrar la respuesta que busca:

- ¿Debería cambiarse la misión?

- ¿Cuáles son nuestras metas?

Capítulo 9
Epílogo: Los doce "indeseados" del cumplimiento

A continuación se incluye una lista de doce áreas en donde una abrumadora mayoría de empresas necesitan una revisión integral para reducir su riesgo de incumplimiento y de problemas de calidad.

1. **Formación y educación.**

   - Formación inadecuada e insuficiente (incluidas las nuevas contrataciones y la actualización periódica). Esta es un área muy descuidada en la industria alimentaria.

   - La formación es más que leer los procedimientos. Las empresas necesitan un conocimiento profundo en las áreas técnicas y de cumplimiento, incluido el liderato y los gerentes.

   - No existen programas de formación cruzada entre áreas y departamentos.

   - No se mide la efectividad de la formación.

   - Falta de un programa adecuado de gestión de competencias.

- Abuso del reentrenamiento. Necesitamos preguntarnos: ¿por qué la formación inicial no fue efectiva?

2. **Investigación de desviaciones, incumplimientos y reclamaciones.**

- Falta de planes de investigación.
- Falta de puntualidad para completar las investigaciones.
- Falta de fechas de vencimiento realistas.
- Todo se considera como un evento aislado (falta de análisis de tendencias).
- No se identifica la causa raíz.
- La causa raíz se identifica, pero no se corrige.
- Se corrige el síntoma en lugar de la causa raíz.
- La investigación y el programa CAPA no se basan en riesgos. El fabricante ha de desarrollar procedimientos para evaluar el riesgo asociado a cada situación, las acciones que deben tomarse para los diferentes niveles de riesgo y cómo corregir o evitar que el problema se repita, dependiendo de esa evaluación de riesgo.

3. **Investigación de errores humanos.**

- Falta de un programa que tenga en consideración el factor humano para minimizar los errores.

- Falta de comprensión de por qué los humanos cometen los errores.

- Uso excesivo de la combinación de error humano y reentrenamiento. Los errores humanos no pueden eliminarse ni reducirse significativamente simplemente diciendo a los trabajadores que tengan más cuidado. Este enfoque simplista no funciona porque no está abordando ninguna causa raíz. El error humano es más un síntoma que una causa. Cuestione siempre por qué el humano ha cometido el error.

4. **Invalidación de resultados fuera de especificaciones.**

- Proceso de invalidación inadecuado.

- Los resultados de los análisis se invalidan a pesar de que la causa raíz o la evidencia objetiva de cualquier error de laboratorio no sean concluyentes ni claras. Un ejemplo: "podría haber probabilidad de que inadvertidamente el analista haya cometido algún error que no está identificado".

- Invalidación por un re-análisis. Se repite una analítica o un resultado no conforme hasta que se obtiene un resultado conforme. Hay que investigar la causa del fallo original.

5. **Planes de acciones correctivas y preventivas**

- Planes CAPA inadecuados donde faltan elementos requeridos (corrección, acciones correctivas, acciones preventivas, implementación y verificación de efectividad).

- Falta de acciones provisionales. La necesidad de acciones correctivas provisionales y de acciones preventivas es uno de los conceptos más desconocidos y menos utilizados en la industria alimentaria. Si una acción correctiva no se puede implementar de inmediato, se deben establecer acciones provisionales para evitar la repetición de la situación mientras se implementa la acción correctiva permanente.

- Falta de verdaderas acciones preventivas. La mayoría de las empresas están en el "modo de extinción de incendios" (correctivo) y carecen del enfoque proactivo que proviene del análisis de tendencias de los resultados de sus procesos de incumplimiento.

- Falta (o inadecuada) verificación de la efectividad de las acciones tomadas.

6. **Control de gestión de cambios.**

- Descripción inadecuada de los cambios que se están realizando.

- Explicación inadecuada de por qué es necesario el cambio.

- Justificación inadecuada de por qué el cambio es aceptable.

- Cancelación inadecuada de registros de control de cambios cuando el control de cambios se utiliza como evidencia de apoyo para la implementación de acciones correctivas o preventivas.

7. **Buenas prácticas de documentación e integridad de los datos.**

- La falta de buenas prácticas de documentación crea problemas de la integridad de los datos.

- La integridad de los datos es más que ALCOA. Las empresas deben establecer una política sobre la integridad de los datos.

- Registros inexactos de datos de calidad y cumplimiento.
- Manejo descuidado de datos de calidad y cumplimiento.

8. **Procesos de evaluación y gestión de riesgos.**

- La gestión de riesgos es más que un análisis modal de fallos y efectos (AMFE).
- La gestión de riesgos no pretende justificar productos con una calidad inferior; debe ser una herramienta/programa proactivo para evitar la fabricación de productos de inferior calidad.
- Pasos críticos del proceso no considerados.
- Programa de zonificación higiénica no basado en riesgos.
- Programa de validación de limpieza y desinfección no basado en riesgos.
- Programa de toma de muestras ambientales no basado en riesgos.
- Programa de validación de procesos inadecuado.

9. **Cultura de aprobar/rechazar.**

- Como dijo Deming: "La suposición de que todo está bien dentro de las especificaciones y todo está mal fuera de éstas, no corresponde a este mundo".
- Monitoreo inadecuado del proceso.
- Falta de un programa de análisis de tendencias adecuado y estadísticamente robusto.

- Los procedimientos para tratar los resultados fuera de tendencia (atípicos), no son adecuados.

10. Documentación: procedimientos y registros.

- Los registros del sistema de autocontrol carecen de espacio adecuado para documentar acciones/pasos significativos, importantes.

- Procedimientos y registros mal formateados que se convierten en fuente de errores y equivocaciones humanas.

11. Desarrollo y participación de las personas.

- Falta de programas de desarrollo para el personal (gerenciales y no gerenciales).

- Falta de programa de formación cruzada entre áreas o departamentos, por ejemplo, entre fabricación y calidad.

- Cultura de miedo y represalias en lugar de fomentar la participación de las personas.

12. Cultura de calidad y cumplimiento: supervisión de la calidad y el cumplimiento.

- Falta de liderazgo: Problema número uno a resolver.

- Cultura de mala calidad.

- Falta de gestión competente.

- La gestión micro (o incluso nano) no se traduce en una supervisión adecuada de la calidad y el cumplimiento.

- Líderes y gerentes que carecen de un conocimiento profundo y adecuado de la calidad y el cumplimiento.

- Enfoque/alcance limitado durante las actividades de remediación de incumplimientos en lugar de un enfoque holístico e integral.

- Establecer fechas de vencimiento ("objetivos") poco realistas.

Anexo A
Características, comportamientos y principales indicadores asociados a cada principio

Este anexo muestra, en forma de tabla, las características, los comportamientos adecuados y los indicadores principales que están asociados a cada uno de los diez principios de una cultura positiva y sólida de calidad y cumplimiento.

Principio 1: Liderazgo en la cúspide

Características
• Hacer que los mejores líderes lideren la calidad. • Apoyo claramente visible de la alta dirección, comprometido e inquebrantable para las iniciativas de calidad. • Liderazgo y visión. • Los líderes de todos los niveles establecen una unidad de propósito y dirección y crean las condiciones en las que las personas se comprometan a lograr los objetivos de calidad de la empresa.
Comportamiento
• Establecer valores en la empresa que incluyan la calidad. • Establecer una cultura de confianza e integridad. • Fomentar el compromiso de toda la empresa con la calidad. • Ser ejemplos positivos de compromiso con la calidad para el resto de las personas de la empresa. • Ser responsable de las acciones y decisiones, en particular las actividades delegadas. • Asignar recursos para cumplir con las expectativas regulatorias y de la calidad. • Patrocinar el establecimiento de un programa de ideas para la mejora de la calidad. • Ser embajadores de la calidad y del cumplimiento de la empresa, tanto a nivel interno como externo.
Indicadores
1. Tasa de mano de obra indirecta en el departamento o área de Calidad respecto a mano de obra total. 2. Participación de líderes en foros/conferencias externas (preferiblemente como ponentes). 3. Comunicaciones periódicas (mensuales o bimensuales) a todos los empleados sobre iniciativas de calidad/temas de calidad. 4. Cada sitio tiene un programa de ideas para la mejora de la calidad. a. Cantidad de ideas sometidas por cada 100 empleados. b. Cantidad de ideas por empleado de cada departamento.

Principio 2: Liderazgo y visibilidad clara de la gestión

Características
• Visión y valores claramente articulados. • Apoyo administrativo claramente visible, comprometido e inquebrantable con respecto a las iniciativas de la calidad y priorizando la calidad sobre la producción y los beneficios. • Compromiso de la alta dirección para involucrar a los trabajadores. • Defensa de la calidad. • Crear un ambiente de trabajo con bajos niveles de estrés laboral y altos niveles de satisfacción laboral (buenas condiciones laborales). • Promover el trabajo en equipo. • Mentalidad y actitudes adecuadas hacia la calidad y el cumplimiento • Visión interfuncional. • Caminatas Gemba. • Disponibilidad de los recursos adecuados. • Buen diseño de la fábrica y del programa de mantenimiento proactivo. • Establecer procesos formales e informales para asegurar que la gerencia visite regularmente las zonas de producción para observar, evaluar, escuchar y hablar con los empleados, como por ejemplo caminatas Gemba.
Comportamiento
• Facilitar la escalada de problemas. • Promover la mejora continua. • Promover la colaboración en toda la empresa. • Ser ejemplos positivos de compromiso con la calidad para el resto de las personas de la empresa. • Cuestionar o retar actividades sin valor añadido. • Asumir la responsabilidad personal/individual (ser "dueño del problema") para resolver problemas. • Participar en las caminatas de Gemba para crear un compromiso gerencial visible y para involucrar a los empleados en todos los niveles de la empresa. • Hacer lo correcto cuando nadie esté mirando. • Decir lo que el jefe necesita saber, no solo lo que quiere escuchar.

• Mostrar indicadores de calidad actualizados (cifras correctas a la primera, objetivos de excelencia en defectos, rechazos cerca de cada área de producción/trabajo) • Comunicar (ampliamente) la visión, misión y la estrategia de la empresa. • Comunicar regularmente sobre temas de calidad y el cumplimiento y la importancia de la calidad y el cumplimiento. • Considerar (siempre) los aspectos comerciales y de la calidad antes de decidir cuando tenga problemas de la calidad en conflicto con problemas comerciales. • Ofrecer apoyo y formación suficientes y adecuados a los trabajadores de línea para ayudarlos a mejorar la calidad. • Buscar (siempre) el comportamiento deseado de "hacer lo correcto" en cuestiones de calidad y cumplimiento. • Practicar (rutinariamente) en el día a día, los comportamientos de calidad y cumplimiento deseados, por ejemplo, a través de caminatas Gemba. • Identificar (de forma rutinaria) e implementar (según corresponda) oportunidades para la mejora continua. • Realizar encuestas para evaluar la satisfacción de las personas, comunicar los resultados y realizar las acciones adecuadas. • Comunicar (ampliamente) la visión, misión y estrategia de la empresa comunicada y "vivida" por nuestros trabajadores. • Permitir que los trabajadores de todos los niveles dentro de la empresa identifiquen y comuniquen los riesgos.
Indicadores
1. Siga el ejemplo: participación de los gerentes en auditorías internas 2. Siga el ejemplo: participación de los gerentes en las auditorías de proveedores. 3. Siga el ejemplo: participación de los gerentes en proyectos de mejora 4. Caminatas Gemba: cantidad de proyectos de mejora generados a partir de esas caminatas. 5. Tasa de participación de los jefes de departamento en las caminatas mensuales de Gemba. 6. La tabla de indicadores de calidad y cumplimiento que se actualiza con frecuencia.

7. Tasa de participación de los jefes de departamento en las reuniones de examen de la gestión 8. Tasa de participación de los jefes de departamento en las reuniones de revisión de la gestión de la cultura de la calidad y cumplimiento. 9. Inclusión siempre temas de calidad y cumplimiento como parte de las reuniones mensuales del departamento (cada departamento).

Principio 3: Rendición de cuentas y compromiso a todos los niveles: aceptación de la responsabilidad personal por la calidad y el cumplimiento

Características
• Personas competentes, empoderadas y comprometidas en todos los niveles de la empresa para mejorar sus capacidades de creación y entrega de valor. • Compromiso y más compromiso a todos los niveles. • Aceptación de la responsabilidad personal por la calidad y el cumplimiento. • Hacer de la calidad y el cumplimiento una responsabilidad y una rendición de cuentas de la gerencia incluidos los gerentes/supervisores de primera línea). • Defienda la calidad y el cumplimiento. • Alto nivel de participación de los trabajadores en la calidad y el cumplimiento. • Reconocimiento del hecho de que todos tienen un papel que desempeñar en la calidad y el cumplimiento. • Confianza en la fuerza laboral para gestionar la calidad y el cumplimiento.
Comportamiento
• Ponga a los consumidores por delante de todo lo demás. • Ver (todos, consistentemente) la calidad y el cumplimiento como una responsabilidad personal. • Revisar los problemas de calidad que incluyan personal de nivel ejecutivo y/o director ejecutivo. • Proporcionar a las personas los recursos, la formación y la autoridad necesarias para actuar con responsabilidad. • Poner en práctica "la calidad y el cumplimiento es responsabilidad de todos".

• Hacer responsables a las personas y asumir la responsabilidad personal/individual. • Establecer formación sobre cuál es la conducta empresarial adecuada, incluida una buena gestión de datos con mecanismos con líneas directas y/o correos electrónicos para promover la notificación de problemas. • Elegir líderes que ejemplifiquen los comportamientos de la cultura de calidad y el cumplimiento. • Facilitar la escalada de problemas de calidad y el cumplimiento. • Promover la mejora continua. • Cuestionar o desafiar las actividades sin valor añadido. • Hacer lo correcto cuando nadie esté mirando. • Decir lo que el jefe necesita saber, no solo lo que quiere escuchar. • Fomentar la comprensión del personal sobre su impacto individual en la calidad y el cumplimiento. • Todos los empleados pueden explicar de forma rutinaria qué información de calidad se rastrea y por qué, y delinear su papel en el logro de los objetivos de calidad y el cumplimiento. • Involucrar a los trabajadores de primera línea en la identificación de problemas, resolución de problemas, resolución de problemas e investigaciones, a través de equipos multifuncionales. • Viva la visión, misión y estrategias de calidad y el cumplimiento. • Esforzarse continuamente por reducir cualquier tipo de desperdicio en cada proceso. • Participación de la dirección en proyectos de mejora. • Los empleados tienen suficiente autoridad para tomar decisiones y se sienten con confianza para hacer bien su trabajo. • Los empleados identifican problemas con regularidad e intervienen de manera proactiva para minimizar cualquier impacto negativo potencial en la calidad y el cumplimiento. • Los empleados no tienen miedo de hablar e identificar problemas de calidad y el cumplimiento, creen que la gerencia actuará de acuerdo con sus sugerencias.
Indicadores
1. Tasa de rotación 2. Tarifa planes de formación cruzada.

3. Tasa de planes de desarrollo. 4. Realizar encuestas periódicas (anuales) sobre la satisfacción de los empleados y la cultura de la calidad y el cumplimiento.

Principio 4: Intercambio de conocimientos e información: comunicación

Características
• Comunicación y transparencia. • Comunicación bidireccional abierta. • Buenas formas de informar y consultar al personal sobre la calidad y el cumplimiento. • Comunicaciones formales e informales frecuentes sobre calidad y cumplimiento. • Promover la excelencia técnica. • Compromiso activo y continuo con los clientes para identificar y abordar continuamente las necesidades actuales y en evolución.
Comportamiento
• Escuchar activamente y participar en una comunicación bidireccional. • Fomentar el diálogo honesto. • Compartir información sobre desempeño de calidad con empleados y socios. • Comportamiento proactivo y transparente con las autoridades sanitarias. • Utilizar las caminatas Gemba como un facilitador para la comunicación de las prioridades/desafíos y cómo el área contribuye al éxito de la empresa. • Dar seguimiento a los problemas pendientes. • Comunicarse según sea necesario. • Gestionar la comunicación para reforzar continuamente las expectativas de calidad y el cumplimiento. • Presentar temas de calidad y el cumplimiento en cada reunión mensual del departamento. • Participación del jefe de departamento en la revisión de la gestión • Presentar temas de calidad y el cumplimiento en cada reunión de todos los trabajadores.

Características
• Establecer un mecanismo formal para gestionar eficazmente la cadena de suministro, incluidos proveedores y clientes.
Indicadores
1. Tablas de indicadores de la calidad y el cumplimiento actualizados frecuentemente 2. Tasa de participación de los jefes de departamento en el examen de la gestión 3. Las reuniones periódicas del departamento incluyen debates sobre temas de calidad y el cumplimiento (100% de los departamentos). 4. Las reuniones periódicas de todos los trabajadores incluyen la discusión de temas de calidad y el cumplimiento como parte de la agenda. 5. Establecer un programa de certificación de proveedores basado en el riesgo con todos los proveedores evaluados periódicamente. 6. Realizar encuestas periódicas (anuales) sobre la satisfacción del cliente y la cultura de la calidad y el cumplimiento.

Principio 5: Enfoque basado en sistemas para la calidad y el cumplimiento

Características
• Resolver problemas e identificar proactivamente las verdaderas causas raíz • Sistema de desviación/investigación/CAPA proactivo. • Estandarización de criterios y requisitos. • Sistema de gestión de la calidad y el cumplimiento basado en riesgos. • Implementar planes CAPA efectivos. • Visión interfuncional. • Enfoque basado en la ciencia y en el riesgo. • Métodos sólidos para evaluar los riesgos. • Procesos y productos bien diseñados y definidos. • Decisión basada en comprender el uso previsto del producto. • Sistema de análisis de la calidad y el cumplimiento del producto, meticuloso. • Identificación y control adecuados de las áreas de posible debilidad del proceso, incluida la cadena de suministro.

• Incorporar la calidad y el cumplimiento en el proceso empresarial como estrategia operativa (excelencia operativa, excelencia en calidad, etc.).
Comportamiento
• Establecer programas adecuados de conducta empresarial con mecanismos para promover la denuncia de problemas. • Gestionar los riesgos que pueden afectar los resultados del proceso y los resultados generales del SGC y, que finalmente, pueden afectar la seguridad de nuestros productos. • Implementación de programas de mejora continua que miden el progreso (Six Sigma, Kaizen, Tablas de desempeño, Coste de la Calidad, etc.). • Establecer y mantener un SGC que tenga criterios claros de desempeño. • Seguir procesos de gobernanza claros y transparentes. • Realizar una encuesta interna sobre la cultura de calidad y el cumplimiento de la empresa. • Establecer requisitos específicos del sitio (cuando sea necesario) y no estandarizados en toda la empresa. • Establecer/seguir un programa de gestión de riesgos y calidad preventiva. • Asegurarse de que la calidad y seguridad del producto no se vea comprometida durante la implementación de la fabricación ajustada u otros esfuerzos de mejora de procesos. • Manejo proactivo de la cadena de suministro. • Utilizar procedimientos operativos documentados para estandarizar nuestros procesos. • Medir continuamente la calidad del proceso mediante el uso de medidas de proceso. • El departamento de mantenimiento se centra en ayudar a los trabajadores de la máquina a realizar su propio mantenimiento preventivo. • Enfatizar el buen mantenimiento como estrategia para aumentar la calidad y el cumplimiento. • Optimice continuamente el programa de mantenimiento basado en un análisis de fallos.
Indicadores
1. Medición de la eficacia del plan CAPA. 2. Tasa de acciones preventivas versus correctivas.

3. Todos los procesos clave deben tener un plan de gestión de riesgos vigente que debe actualizarse al menos una vez al año.
4. Capacidad de proceso del índice de rendimiento para cada atributo de calidad crítico.
5. Verificación del proceso continuo (CPV) para:
    - o Producto terminado
    - o Pasos importantes entrantes y en proceso
    - o Producto final
6. Realizar encuestas periódicas (anuales) sobre la satisfacción de los empleados y la cultura de la calidad.
7. Calibración en tasa de tiempo.
8. Mantenimiento preventivo a tiempo.
9. Cualificación del equipo/área en función del tiempo.
10. Actividades de validación a tiempo.

Principio 6: Crear expectativas de desempeño de calidad y cumplimiento

Características
• Expectativas de desempeño para todas las personas/puestos en toda la empresa que se vinculan claramente con los objetivos de calidad y cumplimiento. • Desarrollar indicadores de calidad proactivos. • Describir lo que se espera que hagan las personas por la calidad y el cumplimiento. • Establecer revisiones periódicas de desempeño con una oportuna retroalimentación para todos los empleados.
Comportamiento
• Establecer objetivos de cumplimiento y calidad multifuncionales. • Asegurar que los indicadores y los objetivos de calidad se diseñen y seleccionen de manera consistente para promover/motivar los deseados comportamientos de calidad y el cumplimiento. • Asegurar que los indicadores de calidad y el cumplimiento estén actualizados (cifras correctas a la primera, objetivos de excelencia en defectos, rechazos) se publiquen regularmente y sean fácilmente visibles cerca de cada área de producción/trabajo. • Medir continuamente la calidad y el cumplimiento de los procesos mediante el uso de medidas de proceso.
Indicadores
1. La tabla de indicadores de calidad y el cumplimiento se actualiza con frecuencia. 2. Capacidad de proceso del índice de rendimiento para cada atributo de calidad crítico. 3. Objetivos de calidad y cumplimiento establecidos para todos los empleados.

Principio 7: Forma y capacitar para influir en el comportamiento, desarrollando continuamente las habilidades y el conocimiento de las personas

Características
• Formación de alta calidad. • Desarrollar una empresa que sea líder en el aprendizaje. • Establecer equipos de aprendizaje. • Promover la excelencia técnica. • Evaluación continua de los requisitos de competencia y planes de desarrollo. • Promover la participación en capacitaciones externas y conferencias/ seminarios. • Las descripciones de puestos de trabajo están disponibles para todos los puestos y están actualizadas. • Realizar evaluaciones periódicas de las necesidades de formación. • Las necesidades de formación están alineadas con las descripciones de los puestos de trabajo. • La función/departamento de Formación tiene la misma consideración que otros departamentos importantes (por ejemplo, Calidad, Producción, etc.)
Comportamiento
• Contratar a personas con la experiencia técnica adecuada para su función. • Estar ansioso por compartir conocimientos y experiencia para resolver problemas. • Promocionar a las personas en función del desempeño y de la experiencia técnica. • Facilitar la participación en conferencias y talleres técnicos externos. • Promover la aplicación de nuevas tecnologías. • Asegurar que los trabajadores reciban con regularidad formación que les ayude de forma eficaz a garantizar la calidad y el cumplimiento en su trabajo fomentando una empresa en continuo aprendizaje. • Formar y capacitar a personas en todos los niveles. • Desarrollar expertos en la materia. • Asegurar que las personas sean competentes para desempeñar con éxito sus funciones.

• Promover el establecimiento de planes de desarrollo para las personas en todos los niveles de la empresa. • Reconocer una y otra vez los logros. • Promover la medición de la eficacia de la formación.
Indicadores
1. Tasa de seguimiento de la eficacia de la formación. 2. Tasa de finalización a tiempo de la formación (100% del personal formado antes de la implementación de la tarea). 3. Tasa de reentrenamiento de CAPA. 4. Horas de formación técnica por empleado: APPCC; Buenas prácticas de higiene, de fabricación, calidad, cumplimiento, temas técnicos relacionados. 5. Nivel de calificaciones: grados académicos por cada 100 empleados (doctorado, Máster, etc.). 6. Asistencia a cursos/conferencias externas (cantidad de participantes por cada 100 empleados). 7. Certificaciones externas. 8. Tasa de rotación. 9. La evaluación de las necesidades de formación y la revisión de la descripción del trabajo se realizan, al menos, una vez al año. 10. Revisión periódica anual de la descripción del puesto para todos los empleados.

Principio 8: Desarrollar líderes en calidad y cumplimiento, metas e indicadores

Características
• Objetivos de calidad y cumplimiento claramente establecidos. • Desarrollar indicadores y fomentadores de la calidad líderes y proactivos • Supervisión y revisión periódicas y frecuentes de los indicadores de calidad y cumplimiento por parte de la alta dirección (revisión por la dirección). • Establecer foros periódicos específicos para la revisión de indicadores y datos de calidad importantes (desviación/CAPA, cadena de proveedores, auditoría interna, etc.).
Comportamiento
• Establecer metas y objetivos de calidad vinculados y alineados con la estrategia y metas de la empresa. • Monitorear los indicadores clave en calidad y el cumplimiento. • Actuar sobre las tendencias negativas. • La gerencia participa regularmente en la revisión y evaluación del producto, el proceso y el desempeño del sistema de gestión de autocontrol.
Indicadores
1. Tasa de participación de los jefes de departamento en las reuniones de revisión de la gestión, incluido el establecimiento de planes de acción para cualquier tendencia negativa. 2. Tasa de participación de los jefes de departamento en las reuniones de revisión de la gestión de la cultura de la calidad y el cumplimiento, incluido el establecimiento de planes de acción para cualquier tendencia negativa.

Principio 9: Usar las consecuencias para aumentar o disminuir comportamientos

Características
• La empresa tiene un programa de recompensas y reconocimientos. • Refuerzo positivo. Los incentivos apropiados que pueden incluir programas de premios monetarios y/o basados en reconocimientos respaldan una cultura sólida de calidad y el cumplimiento. • Establecer revisiones periódicas de desempeño con la oportuna retroalimentación para todos los empleados.
Comportamiento
• Fomentar y recompensar el "hablar" con respecto a los problemas de calidad y el cumplimiento. • Ofrecer oportuna retroalimentación y formación sobre el desempeño laboral. • Ofrecer un reconocimiento no monetario a las personas que logran o apoyan objetivos de calidad y el cumplimiento. • Ofrecer incentivos económicos vinculados al logro de objetivos de calidad y el cumplimiento. • Reconocer y celebrar de forma rutinaria los logros de mejora tanto individuales como grupales en la calidad del desempeño. • Reconocer una y otra vez las contribuciones, el aprendizaje y la mejora de las personas. • Inspirar, alentar y reconocer la contribución de las personas.
Indicadores
1. Programa de "Ideas" para la mejora de la calidad y el cumplimiento. a. Cantidad de ideas por cada 100 empleados. b. Cantidad de ideas por empleado y por departamento. 2. La reunión del departamento y las reuniones de todos los trabajadores incluyendo una sección de reconocimiento. 3. Implementación de programas de refuerzo como entrenamiento, tutoría, etc.

Principio 10: Compromiso con la resiliencia: aprenda de los errores

Características
• Actitud positiva y libre de culpas hacia los errores y equivocaciones • La culpa de las personas no es parte del negocio diario y los "errores humanos" se consideran oportunidades de mejora continua. • Empoderar a las personas para determinar las limitaciones del desempeño y tomar iniciativas sin temor.
Comportamiento
• Asegurar que no haya tendencia a señalar con el dedo y a culpar a los demás • Reconocer rápidamente las oportunidades y los problemas de mejora • Revise formalmente los errores y busque compartirlos y aprender de ellos. • Implementar un programa de gestión y control del factor humano destinado a comprender y minimizar las causas de los errores humanos.
Indicadores
1. Tasa de eficacia de CAPA. 2. Tasa de investigación de errores humanos. 3. Tasa de CAPA de reentrenamiento. 4. Establecer y mantener un programa de factor humano.

Lista de Acrónimos

ALCOA	Atribuible, Legible, Contemporáneo, Original y Autentico
ASQ	Sociedad Estadounidense de Calidad
APPCC	Análisis de peligros y puntos críticos de control
AMFE	Análisis modal de fallos y efectos
BPH	Buenas prácticas de higiene
BPF	Buenas prácticas de fabricación
BRC	*British Retail Consorcium*
CAPA	Acciones correctivas y acciones preventivas
CGMP	Buenas prácticas de fabricación actuales
CFR	Código de Regulaciones Federales de EE. UU.
CQA	Atributo de calidad crítico
ENF	Evaluación de las Necesidades de Formación
IFS	*International Food Standard*
ISO	Organización Internacional de Normalización
FDA	Administración de Drogas y Alimentos de EEUU
FDASIA	Ley de Innovación de la Administración de Drogas y Alimentos de EE. UU
FEAADAH	Federación Española de Asociaciones de Ayuda al déficit de Atención e hiperactividad
HRO	Organización de Alta Confiabilidad
OOS	Fuera de especificación
OOT	Fuera de tendencia

PPR	Programa de Prerequistos
QbD	*Quality by Design*
SGC	Sistema de Gestión de Calidad
SGSA	Sistema de Gestión de Calidad y Seguridad Alimentaria
TDAH	Trastorno por Déficit de Atención e Hiperactividad
UDA	U.S. Army Research Institute's Users' Decision AID
VCP	Verificación Continuada del Proceso

Bibliografía

American Psychiatric Association. 2013. *Diagnostic and Statistical Manual of Mental Disorders*, Fifth edition: DSM-5. Washington: American Psychiatric Association.

American Society for Quality (ASQ)SQ/Forbes Insights. 2014. *Culture of Quality – Accelerating growth and performance in the enterprise.* New Work: Forbes Insights.

Bennis, Warren. 1989. *On Becoming a Leader.* New York: Basic Books.

Bryan, D.J., and H. Angel, H. 2000. *Retention and fading of military skills: literature review.* Canada Department of National Defense.

Center for Chemical Process Safety. 2007. *Human Factors Methods for Improving Performance in the Process Industries.* New Jersey: Wiley-Interscience.

Clifton, Jim and Jim Harter. 2019. *It's the Manager.* New York: Gallup Press.

Código de prácticas de higiene para los alimentos precocinados y cocinados utilizados en los servicios de comidas para colectividades CAC/RCP 39-1993.

Crosby, Phillip B. 1980. *Quality Is Free.* New York: Penguin Group.

Daniels, Aubrey C. 2016. *Bringing Out the Best in People.* 3rd ed. New York: McGraw Hill.

Deming, William E. 1982. Out of Crisis. Cambridge: MIT.

Drucker, Peter F., Hesselbein, Frances and Kuhl, Joan S. 2015. *Peter Drucker's Five Most Important Questions.* Hoboken: John Wiley & Sons, Inc.

Food and Drug Administration (FDA). 2006. *Quality Systems Approach to Pharmaceutical CGMP.* Guidance for Industry. Washington: FDA.

______.2015. *Request for Quality Metrics.* Guidance for Industry. Draft Guidance. Washington: FDA.

______.2016. Submission of Quality Metrics Data. Guidance for Industry. Draft Guidance. Washington: FDA.

Folkard, Simon, and David A. Lombardi. 2006. Modelling the impact of the components of long work hours on injuries and "accidents". *American Journal of Industrial Medicine*, 49, 953–963.

Fournies, Ferdinad F. 1999. *Why employees don't do what they're supposed to do and what to do about it.* New York: McGraw Hill.

International Organization for Standardization (ISO). 2015. ISO 9001:2015 *Quality management systems-Requirements.* Geneva: ISO.

______. 2016. ISO 13485:2016 *Medical devices — Quality management systems -Requirements for regulatory purposes.* Geneva: ISO.

______. 2019. ISO 10015:2019 *Quality management – Guidelines for competence management and people development.* Geneva: ISO.

______. 2020. ISO 10018:2020 *Quality management – Guidance for people engagement.* Geneva: ISO.

ISPE. 2017. *Culture Excellence Report April 2017.* Bethesda: ISPE

Jett, Quintus R., Jennifer M. George. 2003. Work interrupted: A closer look at the role of interruptions in organizational life. *Academy of Management Review*, 28 (3), 494–507.

Juran, Joseph M. 1989. *Juran on Leadership for Quality. An Executive Handbook.* New York: The Free Press.

Kirkpatrick, Donald L. and James D. Kirkpatrick. (2006). *Evaluating Training Programs.* 3rd ed. San Francisco: Berrett-Koehler Publishers.

LeBoeuf, Michael. 1985. *The greatest Management Principle in the World.* New York: Putnam.

Maxwell, John C. 1998. *The 21 irrefutable laws of leadership: Follow them and people will follow you.* Nashville: Thomas Nelson, Inc.

Patel, Pritesh et al. 2015. "Quality Culture Survey Report." *PDA J. Pharm Sci and Tech*, 69: 631-642.

PDA. 2015. *PDA Survey: 2014 Quality Culture Metric.* Bethesda: PDA.

Principios generales de Higiene de los alimentos CXC 1-1969 Adoptados en 1969. Enmendados en 1999. Revisados en 1997, 2013, 2020. Correcciones editoriales en 2011.

Reglamento (CE) n° 852/2004 del Parlamento Europeo y del Consejo, de 29 de abril de 2004, relativo a la higiene de los productos alimenticios.

Reglamento (UE) 2021/382 de la Comisión de 3 de marzo de 2021 por el que se modifican los anexos del Reglamento (CE) n° 852/2004 del Parlamento Europeo y del Consejo, relativo a la higiene de los productos alimenticios, en lo que respecta a la gestión de los alérgenos alimentarios, la redistribución de alimentos y la cultura de seguridad alimentaria.

Reglamento (CE) n° 853/2004 del Parlamento Europeo y del Consejo, de 29 de abril de 2004, por el que se establecen normas específicas de higiene de los alimentos de origen animal.

Reglamento (CE) n° 178/2002 del Parlamento Europeo y del Consejo, de 28 de enero de 2002, por el que se establecen los principios y los requisitos generales de la legislación alimentaria, se crea la Autoridad Europea de Seguridad Alimentaria y se fijan procedimientos relativos a la seguridad alimentaria.

Reglamento (CE) n° 2073/2005 de la Comisión, de 15 de noviembre de 2005, relativo a los criterios microbiológicos aplicables a los productos alimenticios.

Rodríguez-Pérez, José. 2018. *Human Error Reduction in Manufacturing.* Milwaukee: ASQ Quality Press.

Schein, Edgar H. 2009. *The Corporate Culture Survival Guide.* San Francisco: Jossey-Bass.

Schein, Edgar H. 2010. *Organizational Culture and Leadership.* 4th ed. San Francisco: Jossey-Bass.

Sertkaya, A., Berlind, A, Lange, R. and Zink. D. 2006. Top ten food safety problems in the United States food processing industry. *Food Protection Trends, 26(5):* 310-315.

University of St. Gallen. 2019. *FDA Quality Metrics Research 3rd Year Report December 2019.* Switzerland.

Weick, Karl E., Sutcliffe, K.M., Obstfeld, D. (1999). Organizing for high reliability: process of collective mindfulness In: Sutton, R. Staw, B.

(eds.), *Research in Organizational Behavior*, Vol. 21 JAI, Greenwich, CT: pp, 81-124.

Weick, Karl E. and Kathleen M. Sutcliffe. 2007. *Managing the Unexpected.* 2nd. ed. San Francisco: Jossey-Bass.

Yiannas, Frank. 2009. *Food Safety Culture.* New York: Springer.

Otros libros de los autores

Martín María A. y Rodríguez-Pérez José. 2019. CAPA: *Acciones Correctivas y Preventivas en las Industrias Alimentarias.* Madrid: Editorial Díaz de Santos.

Rodríguez-Pérez, José. 2014. *The FDA & Worldwide Current Good Manufacturing Practices and Quality System requirements – Guidebook for Finished Pharmaceuticals.* Milwaukee: ASQ Quality Press.

_____. 2016. *Handbook of Investigation and Effective CAPA Systems.* 2nd Edition. Milwaukee: ASQ Quality Press.

_____. 2017. *Quality Risk Management for the FDA-Regulated Industry.* 2nd Edition. Milwaukee: ASQ Quality Press.

_____. 2018. *Human Error Reduction in Manufacturing.* Milwaukee: ASQ Quality Press.

_____. 2019. *Data Integrity and Compliance.* Milwaukee: ASQ Quality Press.

.

Páginas Web

https://archive.nytimes.com/www.nytimes.com/library/national/science/032900sci-nasa-mars.html, último acceso 06/04/2021

https://www.iso.org/files/live/sites/isoorg/files/store/en/PUB100080.pdfhttps://www.iso.org/files/live/sites/isoorg/files/store/en/PUB100080.pdf, último acceso 06/02/2021 https://www.bmj.com/content/296/6626/875 último acceso 06/04/2021

https://hbr.org/2016/04/are-you-too-stressed-to-be-productive-or-not-stressed-enough, último acceso 06/04/2021

Acerca de los autores

Mª Ángeles Martín Linares, es licenciada en Veterinaria por la Facultad de Córdoba y Doctora en Veterinaria por la Universidad de Murcia. Es Experto Universitario en Gestión de Seguridad Alimentaria y Diplomada especialista en Gestión Sanitaria, ambos por la Escuela Andaluza de Salud Pública. Miembro de la Sociedad Americana de Calidad desde 2017. Está certificada por la Asociación Americana de Calidad (ASQ) como Auditora de Calidad, Auditora de Sistemas Biomédicos y Auditora de Seguridad alimentaria y APPCC. Es Lead Auditor ISO 9001:2015. Lead Instructor for FSPCA Preventive Controls for Human Foods. Qualified Trainer for Seafood HACCP Alliance (SHA) in Seafood Hazard Analysis and Critical Control Point. Qualified Trainer for SHA in Sanitation Control Procedures (SCP) for processing Fish and Fisheries products. Funcionaria del Cuerpo Superior Facultativo de Instituciones Sanitarias, A4, de la Junta de Andalucía.

Ha estado trabajando para la compañía Business Excellence Consulting, Inc. (BEC Inc.), en el entorno regulado por la FDA de 2014 a 2018.

Enfocada en formación, asesoramiento y auditorías en industrias europeas y/o reguladas por USDA/FDA, centrándose en la formación de Auditorías Internas, CAPA (Acciones Correctivas y Preventivas), Análisis de Root Cause (causa raíz), Errores Humanos, Integridad de datos, Buenas Prácticas de Fabricación (GMPs), HACCP, Análisis de Riesgos y

Controles Preventivos, Programas de saneamiento, Etiquetado etc, en diferentes sectores alimentarios y bajo el prisma regulatorio europeo y de los EE.UU. Es docente colaboradora de prestigiosas entidades públicas y privadas. Su correo electrónico es: foodquality2014@gmail.com.

José (Pepe) Rodríguez-Pérez, es licenciado en biología y doctor en inmunología, ambos por la Universidad de Granada, España, y tiene estudios de posgrado en ciencias médicas. Durante sus 30 años de carrera, pasó más de 15 años trabajando en una planta de fabricación de dispositivos médicos. También fue asesor científico de la FDA de EE. UU.de 2009 a 2012.

Fundó Business Excellence Consulting, Inc. (BEC Inc.) en mayo de 2005 y desde entonces ha estado liderando su operación y expansión a una firma de consultoría global. La compañía ha crecido para proporcionar una amplia gama de servicios de soporte y remediación regulatoria, incluida la colocación de profesionales altamente calificados en los sitios de los clientes. Nuestra gente es nuestro activo más importante. Su experiencia práctica promedio trabajando en el entorno regulado por la FDA supera los 20 años. Actualmente, contamos con más de 100 profesionales altamente calificados y experimentados, incluidos ingenieros, químicos, bioquímicos y biólogos, que atienden a clientes en todo el mundo.

Desde mayo de 2015, BEC Inc. ha sido acreditada bajo el Estándar ANSI /IACET 2013-1 para Educación y Formación Continua, que es reconocido internacionalmente como un estándar de excelencia en prácticas de instrucción. Desde noviembre de 2018, BEC Inc. ha sido acreditado por ANAB como Organismo de Inspección bajo la norma internacional ISO / IEC 17020: 2012 Evaluación de la conformidad - Requisitos para el funcionamiento de varios tipos de organismos que realizan inspecciones. Nuestra acreditación cubre las regulaciones y estándares farmacéuticos, de dispositivos médicos y de fabricación de alimentos.

Miembro senior de la Sociedad Americana de Calidad y Presidente de la sección de Puerto Rico durante el período 2003-05. Fue secretario de 2005 a 2012. Pepe cuenta con siete certificaciones de la Sociedad Americana de Calidad (ASQ): Certificado Six Sigma Black Belt, Gerente de Calidad y Excelencia Organizacional, Ingeniero de Calidad, Auditor de Calidad, Auditor HACCP, Profesional Farmacéutico GMP y Auditor Biomédico. También es miembro de ISPE, ISPE, AAMI y PDA. Su correo electrónico es: pepe.rodriguez@bec-global.com.

Index

D

E

F

G

I

J

K

L

M

N

O

P

R

S

T

V

Y

Made in the USA
Monee, IL
04 November 2026

67383625R00125